シリーズ
地域の再生 14

農の福祉力

アグロ・メディコ・ポリスの挑戦

池上甲一

農文協

はじめに

２０１１年3月11日は、日本にとって、いやそれどころか世界的にみても最悪の痛恨事が発生した日として歴史に深く刻まれることになろう。日本の観測史上最大のマグニチュード９・０の東北地方太平洋沖地震とそれに続く津波は東日本の太平洋沿岸地域を襲った。その被害も大きかったものの、その過程で起こった原子力発電所事故とその後の政府や東京電力の対応はわたしたちによりいっそう大きな衝撃を与えた。

その衝撃は、いったん暴走すると制御がきかなくなるような巨大技術に依存することの危うさに起因していたと考えられる。しかしもっと本質的には、一番電力を消費する都会ではなく過疎地域に原発を建てることで、その問題性を忘れ去っていた（忘れていたつもりだった）のに、もはや見て見ぬふりをすることはできないことに否応なく気づかされたり、そこに存在している格差構造のなかで、原発は高リスクと承知していてもそれなしには地域社会が立ちゆかないという状況に追い込んできた「経済合理性の魔力」に囚われていることを自覚させられたりした点に、衝撃の大きさの理由があるように思う。だからこそわたしたちは、３・11複合災害以前に追求していた社会のありようは大きく変わるだろうし、また変えなければいけないとの強い確信と意思を抱いたはずである。

ところがこのところ、全国レベルではその確信と意思が大きく揺らいでいるように思われる。とりわけ２０１２年の総選挙で自民党政権が復活すると、まるで３・11複合災害から完全に「復活」した

（「3・11は終わった」）かのような、あるいはまるで3・11複合災害などなかったかのような言説や政策がしきりに流布されるようになった。被災地にいろいろな構造改革特区を設けたり、規制緩和の突破口にしようとしたり、さらには原発の早期再稼働までもが声高に語られている。こうした一種のバックラッシュ現象は、新自由主義的な効率性と国際競争力の強化を理論的背景としている点で共通性がある。再び、「経済合理性の魔力」に身を委ねようというのである。

実は右記のような3・11直後の反省とその後の揺り戻しは、福祉や地域社会＝コミュニティをめぐる言説と政策においても類似した動きが存在している。3・11複合災害は、福祉や地域社会のあり方についても再考をせまった。この動きは希望と「懐疑」の両面を含んでいる。希望は、農漁村ゆえに維持されていた住民の連帯感や一体感の強さが高齢者の避難を助けたり被害を最小限にとどめたりするのに大きな力を発揮したことである。この地域社会の力は、その後の避難生活や復旧プロセスにおいても希望と勇気を与えてくれた。そのことの意義はいくら強調してもしすぎることはない。ところが一方では、その本質や実態をきちんと検討することなしに、地域社会の力を美しい語りとして回収するメカニズムが被災直後から作動している。ここに、「懐疑」の根拠がある。その回収メカニズムは実体をともなわない、空疎な「絆」のリフレインと「コミュニティ力」の過剰強調による問題の隠蔽として、あるいは避難所や仮設住宅に設けられた「にわかコミュニティ」が生み出した同調圧力や非メンバーの排除として表出している。あるいはまた「コミュニティ力」を強調しているのに、地域社会の力がどこから生まれてくるのか理解していない対応も多い。人びとを結びつけるうえで要となりうる祭礼の道具類などの修理・購入が公的支援の対象から外されていることは、その典型的な例である。

それどころか、「希望」をコミュニティに託すふりをして、小泉政権以来続いてきた福祉・医療政策の「改革」促進に弾みをつけようとする動きが力をえている。それは、公的セクター（公助）の後退と市場原理導入による自己負担原則（自助）の強化および家庭と地域社会による相互扶助（共助）の強調に集約される。そこでは共助を利用することで、助け合いの責任を国家からコミュニティに転嫁し、公助の福祉効率を上げようという思惑がすけてみえるのである。最近は、それに加えて混合診療の拡大や、介護保険法における認定の厳格化、要支援者の生活援助の保険外しなど医療・福祉・介護における公的セクターの後退と市場化を強化する動きが顕著である。再生医療を生命《いのち》の視点から語るのではなく、ビジネスチャンスという主張ばかりが目立つのも最近の傾向である。

超高齢社会の到来と在宅介護の強調も、市場化一辺倒ともいうべき論調と底流では共通している。しかしいくら介護サービスが「販売」されるようになっても、在宅介護であるかぎり、誰かが24時間のケアを担当しなければならない。長野県南相木村の診療所に長年勤務していた、長野県・佐久病院の医師・色平哲郎が『源流の発想　21世紀――ムラ医療の現場から』（オフィスエム、２００２年、１２７頁）で書いているように「郡部の農村ではいまだ、古来の『お互いさま』の人情味に支えられた手厚い互助感覚が地域内で維持されており、『お金を介さない』強固な人間関係が、福祉の現状を豊かなものにしている」が、それは「『女衆《おんなしゅう》』の献身的介護」という「地域の含み資産」なしに成立しえない。にもかかわらず、たいへん安直な市場化と在宅介護への傾斜が現代福祉の主流となっている。

そうした現代福祉の先に、人びとが望む幸せな暮らしを展望できるとは思えない。人びとの日常的な生活欲求は基礎的生活欲求、社会的生活欲求、文化的生活欲求から構成されている。坂本慶一・京大名誉教授のいう「生命、生活、人生」とも重なり合う、こうした生の三つの位相が一番濃密に重なり合うのは地域社会である。そのなかで人びとは、自分の暮らしを全面的に開花させるという意味での福祉を達成しようとする。そのためにはどのような条件が必要なのか、どういう取り組みが可能なのか。本書では、主体的福祉力と農的福祉力に注目し、その舞台としての農空間を背景に展開される医療・福祉・保健・介護の連携をアグロ・メディコ・ポリスとして捉え、その具体像と意義をとくに長野県佐久地方の取り組みから探りたい。

第1章では、福祉の意味領域を拡張するためにその語義を探るとともに、アマルティア・センの考えやブータンのGNH（国民総しあわせ指標）などを手がかりに、福祉とは何かを考える。第2章では、福祉政策の日本的特質を検討したのち、日本全体および農業・農村の高齢化の進展状況とその問題構図を明らかにする。第3章では鳥取県の平地農村を対象に、村びとたちの介護意識と協同組合セクターが設立に大きくかかわった福祉施設について検討する。第4章では、長野県佐久地方で展開してきた旧八千穂村の全村健康スクリーニングと佐久病院による農村医療運動の経過と意義を検証する。第5章では、佐久地方の地域形成の特質をアグロ・メディコ・ポリスの視点から明らかにする。

2013年6月

池上甲一

シリーズ地域の再生14
農の福祉力――アグロ・メディコ・ポリスの挑戦

目　次

第1章　福祉と福祉力

1　福祉の語義を探る

いまや福祉という言葉を聞いて、それがどんなものか皆目見当もつかないという人はほとんどいないだろう。それほど、日本人の生活になじんでいる。しかし、その内容は広範囲に及んでいて、いざ説明しようとするとなかなか容易ではない。

もともと「福祉」とは「仕合せ」を表わす漢語である。今では「幸せ」とも表記する。「福祉」の初出がいつのことかはわからないが、1811（文化8）年に幕府の命によって翻訳が始まった『厚生新編』(1)の7巻には、「健康無恙の福祉を得て」とあり、江戸期にはこの言葉が使われていた可能性がある。だがそうした使用はまれであり、近代以前の日本においてこの言葉が広く使われた形跡は見当たらない。

加藤博史によれば、福祉が「用語として日本の社会に定着したのは、第2次世界大戦後のことで」、「政策や学界において、『福祉』はウェルフェア（welfare）の訳語として用いられた」[2]。とすれば、私たちがいま想定するような「福祉」にははじめから現代的な性格が刻印されていたとみるべきだろう。たとえば、「公的な配慮によって社会の成員が等しく受けることのできる安定した生活環境（物的・経済的な充足）」を整えることといった理解は、一般に受け入れやすい定義である。ただ、このような定義では、「公的」な主体が「福祉」を恩恵的に与えるといったニュアンスが含まれているだけでなく、社会関係や生きがいといった社会的・精神的側面が軽視されているといってよい。後で検討するように、ウェルフェアには上位権力からの恩恵的な視線と物的生活の側面が強く刻印されており、そのために福祉の持つ意味世界が単純化されてしまう危険性がある。

この点を確認するために、日本において福祉がどのような文脈で用いられているのかを簡単に眺めておきたい。

まず、日本国憲法を取り上げよう。日本国憲法は、前文において「その（国政：引用者）福利は国民がこれを享受」し、「全世界の国民が、ひとしく恐怖と欠乏から免かれ、平和のうちに生存する権利を有する」と基本的人権としての生存権を、日本だけでなく広く世界全体に及ぼす決意を表明している。そのうえで、第12条において「公共の福祉のために これ（自由及び権利）を利用する責任」を有するとして私権を制限するとともに、続く13条において「生命、自由及び幸福追求に対する国民の権利については、公共の福祉に反しない限り、立法その他の国政の上で、最大の尊重」を図らなければならないとして、個々の幸福追求権を担保している。25条では個々人が「健康で文化的な最低限度の生活を営む権利」を持っており、この生存権を担保できるように「国は、すべての生活部面について、社会福祉、社会保障及び公衆衛生の向上及び増進に努めなければならない」とする。ここに示されている生存権規定と国による生存権保障は、日本では社会福祉に関する最初の法的規定であるが、その生存権視点に立つ福祉の捉え方は現在でも基本的な意義を持つものとして尊重されるべきだろう。

ただ、日本国憲法では社会福祉として限定されている点に注意が必要である。この点について、前出の加藤博史は池田敬正の整理に基づいて、福祉とは「人々の生活の向上を求める営為としての『歴史貫通的な概念（あらゆる時代にも共通する概念）』とし、『社会福祉』を第2次世界大戦後、日本国憲法の基本的人権の保障にかかわるものとして成立した概念として規定[3]」している。前者は生活の向上によって「幸いを得ること」と理解すれば、生存権視点に限定されている社会保障概念よりも広い意味合いを持つといってよい。

前者の考え方は、『国民の福祉の動向』に反映されている。そこでは、福祉を「すべての人びとが人生の諸段階を通じ幸せな生活を送ることができるようにする社会的施策[4]」として規定されているが、社会福祉として制度化・政策化されると、意味合いが狭められてしまうきらいがある。そもそも、社会福祉の制度的枠組みを決めるうえで影響のあった1950年の社会保障制度審議会勧告

（「社会保障制度に関する勧告」）は、福祉を「国家扶助の適用を受けている者、身体障害者、児童その他援護育成を要する者が、自立してその能力を発揮できるよう、必要な生活指導、更生補導、その他の援護育成を行うこと」[5]とたいへん限定的なものとして捉えた。要するに、社会福祉はいわゆる「社会的弱者」として区分された個人を対象とする社会保障の一分野に過ぎないとされたのである。

こうしたいわば福祉の矮小化は、持つこと、所有することを強調するwelfareを福祉と理解する価値判断と関連している。福祉の語義からすると、むしろ「良くあること」「良い状態であり続けること」という状態に力点のあるwell-beingに近いのではないだろうか。そこでここでは、福祉の意味世界をもっと広げる手がかりを得るために、福祉の語義を若干検討してみたい。

『字源』によると、「福」とは「神霊に供薦しそれによって多福を得ること、さいわい・しあわせ、とみ・たすけ」とあり、「祉」とは「福祐、神より与えられるもの、恩寵、神の恩恵、幸福の現れること」とされている。その二つを合わせた「福祉」は幸福、さいわいと端的に要約されている。つまり、福祉とは「幸せ」を得ることなのである。このことは、福祉を考える際に忘れてはならない、もっとも基本的な目標である。

祭肉も「福」といい、ひもろぎ（神に供える肉）として配分（致福）を受け、それを神とともに食する共餐（共食）は「福祉」そのものにほかならない。「福」は神に働きかけるという点で能動的であり、「祉」は神から与えられるという点で受動的であるが、いずれも、神とのかかわりにおいて多福、幸福を得るという意味を含んでいる点が示唆的である。食を与えてくれる自然（天）は「神」にほかならず、自然に働きかけて食を得るのが「人」（農という営為）なのである。

だから、福祉の語義には農と深く通い合う側面が含まれているといってよいだろう。つまり、もともと福祉と農とはまったくの別物ではなく、密接に関連しているのである。なおここで、「農」と記すのは、「生産」（農業）と「生活」（農村）が一体的な関係にあるというその特質を強調したいという理由に加え、産業的な位置づけあるいは商品生産としての意味に重点のある農業だけでなく、もっと根源的な営為、すなわち自然・生命との相互交渉にその意義があることを示したいからである。だからこそ、福祉と農とは共鳴し合うことができるのだろう。

本書はこのような理解に立って農の福祉力とその根拠を明らかにし、あわせて農村的な福祉のあり方・特質と、そこからより広範な世界（都市や他産業）に向けた提言を意図している。この課題を考えていくうえで、福祉の語義に沈潜している農的性格を念頭に置いておくことが有益な示唆を与えてくれるように思う。

2　ウェルフェアからウェルビーイングへ

それでは、福祉そのものについてはどのように考えればよいのだろうか。冒頭で引用したように、「『福祉』はウェルフェア（welfare）の訳語として用いられた(6)」し、一般にもそのように受け止められている。というのは、ウェルフェアという表現は17・18世紀ころに始まった、国家による「救貧的な制度的実践をさす語として定着したからである」[7]。一方、ウェルフェアはときに厚生とも訳されていることから推測できるように、モノ・サービスの消費量がもたらす満足度や効用の程度をも示している。だから、ウェルフェアとしての福祉はどうしても物的な側面が強く意識され、この視角に基づく福祉政策は社会的役割や生きがい、さらには尊厳といった精神的要素を軽視し、目に見える施設や介護サービスなどに重点を置くことになってしまう。そのことは結局のところ、ウェルフェアが持つ「救貧・保護など『弱者の救済』に基づく視点」[8]の限界を超えることができず、福祉を、だれにも当てはまるその豊かな意味合いとは逆に、「自立できない」特別な人間に恩恵的に施すものだという意味づけを与えることになりかねない。

ところで、日本語で福祉と翻訳される言葉としては、ウェルフェアのほかにもウェルビーイング（well-being）がある。たとえば、世界保健機関（WHO）憲章の前文にあるwell-beingは「福祉」と翻訳されている。そこでは健康を「完全な肉体的、精神的及び社会的福祉の状態であり」（Health is a state of complete physical, mental and social well-being）としている。なお、この定義に対してはとくに「完全」という規範的な用語の理解をめぐって批判が寄せられたし、また社会的に完全であることを強要する危険性についても懸念が表明された。このためか、のちに策定されたヘルス・プロモーションに関するオタワ憲章（1986年）では「完全」という修飾語は削除されている[9]。

また、アマルティア・センは「福祉を、ひとが享受する財貨（すなわち富裕）とも、快楽ないし欲望充足（すなわち効用）とも区別された意味において、ひとの存在のよさの指標」[10]として理解することの重要性を強調している。財の量や特性だけでは、それを使ってひとが何をできるかを自動的に判断できるわけではない。同じ財でも、個人の属性によってできることは異なる。「福祉（well-being）はひとが実際に成就するもの――彼／彼女の状態（being）はいかに『よい』（well）ものであるか――に関わって」おり、そのよさは「特に他人と比較してあるひとがもつ現実の機会」に存在する「優位」（advantage）に依存する。[11] 福祉の達成にはさまざまな機能（ひとがなしうること、あるいはなりうるもの）とその機能を達成するだけの「潜在能力」とが条件となる。

以上のように、福祉をウェルフェアと捉える立場とウェルビーイングと捉える見方が存在し、そこには明らかに違う価値性が反映されている。すなわち、ウェルフェアには物的な経済厚生とその恩恵的補給に力点が置かれ、ウェルビーイングはそのひとにとってよい状態を達成・維持することに目線を定めている。

松永桂子によると、「現在、『福祉』の概念は、従来のwelfareからwell-beingに変わりつつある。……well-beingはそうした旧来の福祉（弱者救済型）の意味のほかに、健康、生きがいや働きがいの創出、自信や誇りの保持などの広義の意味合いを含んでいる。いわば、住民を福祉の『対象』ではなく『主体』として捉えるパラダイム転換が起きつつあるともいえる」。[12] このパラダイム転換は、物的生産力の効率的極大化＝直線的な拡大を目指した20世紀システムの限界と対応しているだろう。坂本慶一はかつて、エーリッヒ・フロムの議論に依拠しつつ、所有（「持つ」）の世界（to have）と存在（「ある」）の世界（to be）を区分し、高度経済成長期には前者が社会パラダイムとなっていたが、無限の拡大を前提とするto haveの論理は地球環境の有限性や生態系の悪化にともなってその限界があらわになり、しだいにto beの論理が重要な意味を持つようになったことを指摘した[13]。ここで、to beの論理とは持続可能性を判断基準とし、定常系としての安定性に根拠を置く。to haveからto beの論理への移行は、拡大志向から持続性志向への転換ともいってよいだろう。

このことを福祉の世界に敷衍すれば、物的福祉の直線的拡大よりは生態的・精神的福祉（定常性・持続性、生きがい・アイデンティティ）が重要性を増しているということになろう。福祉の実務に関係する場面でも、社会関係の充実や社会開発を含めた生活の質（ＱＯＬ：クォリティ・オブ・ライフ）の向上やノーマライゼーションが福祉の追究目標として掲げられている。ＱＯＬの向上やノーマライゼーションの達成は、まさにひとの暮らしが「良き状態」（well being）にあるかどうかによって評価されるだろう。ここで大事なことは、この「良き状態」とは自然法的に手に入るものでも行政サービスとして与えられるものでもなく、自ら働きかけて「良き状態」に至るための努力が不可欠であるという点である。ウェルフェアからウェルビーイングへの移行という「価値の転換に基づけば、『福祉』は行政から与えられるものではなく、住民自らが互いに支え合いながら作り出していく営みに変わるだろう[14]」。ただし、住民が福祉を生み出すということの意味は、行政にすべてを依存することと（公助主義）でも、自分たちだけですべてをまかなうこと（自助主義）、あるいは地域社会が責任を負うこと（共助主義）でもなく、行政と住民と地域社会とがそれぞれの役割を適切に分担し、相互に協力・連携することが重要だという点にある。すなわち、住民のリーダーシップのもとに公助、自助、共助をうまく組み合わせ、その地域の条件に適う福祉像と具体的な仕組みを生み出すということである。そうしないと、福祉の達成における行政の責任放棄や、安易な自己責任論に基づく福祉の市場化論に回収されてしまいかねないからである。

福祉をウェルフェアではなくウェルビーイングとして捉えるとすれば、次に検討しなければいけないことは、ひとが「良くあろう」とするとき、どのような側面が重要な意味を持つのかを明らかにすることである。つまり、「良くあること」の基本的な位相は何か、ということである。それは、身体的位相、精神的位相、経済的位相、社会的位相の四つの側面に分けることができるだろう。

身体的位相とは、直接的には保健や医療にかかわる領域で、身体上の健やかさや活動力の程度を示している。ここで大事なことは身体的な健常さが「良くあること」の条件なのではなく、肉体的な障碍や病気などによる身体的不具合があってもその条件の下で主体的にかつ生き生きと（アクティブに）暮らすという身体観である。もちろん、加齢にともなって身体的な領域はしだいに制約要因が増えていくので、そのなかでどの程度の活動力を維持できるのかという点が「良くあること」にとってのポイントになる。

精神的位相とは、選択・決定の自由に基づいて、生きがいと充足を感じられるように創造的な暮らしを実践し、そのことによって達成感をえたり生きていることの意味を確認できたりするような内面的なありようをさす。精神的位相は、能力主義あるいは機能主義的にひとの福祉＝幸福を評価しようとする立場に対して、批判的な視座ないし逆説的な世界の存在をしばしば提示する。たとえば、がん患者のQOLは健康人よりも低くなるだろうという一般的な予測とは異なって、健康人とほとんど変わらないという研究結果が大半を占めるという。(15) 精神的位相がそのことに大きく影響していることは想像に難くない。

とはいえ、日々の暮らしにさえ事欠くような貧困状態に置かれると、身体的位相だけでなく精神的位相の創造性や生きがいも蝕まれていく。その意味で、暮らしのベースとしての経済的位相を無視することはできない。もとより、「良くあること」の経済的位相はあふれるばかりのモノやカネにあるのではなく、過度の不自由さを感じさせない水準の収入が安定的に確保されており、そのための就業機会が存在するというあたりにある。すなわち、ほどほどの生活水準を維持できるだけの経済的持続性の有無が経済的位相としては重要な位置にある。

最後に、社会的位相である。社会的位相は精神的位相にも直接的な影響を及ぼす。「良くあること」の社会的位相にとっては「つながっている」ことが中心的な位置に置かれる。とりわけ、個人がアトム化している、あるいは個人のアトム化を強力に推し進めている現代社会においては、「つながっている」ことの確認がアイデンティティの崩壊を防ぐうえでもとても重要な役割を果たす。社会的つながりの重要性は、阪神・淡路大震災でも3・11東日本大震災でも、福祉の視点からも再確認されている。しかし、現実にはのちにふれるように（第2章）、孤独・孤立・断絶が社会のなかに拡大している。社会的な排除もしばしば観察される。だからこそ、応能の社会関与（参加と自分の居場所づくり）が「良くあること」の達成に向けて強く求められるのである。

3　ウェルビーイングとしての福祉を捉えるフレームワーク

「良くあること」＝ウェルビーイングを身体、精神、経済、社会という四つの位相から捉えようとする視点は、今後求められるだろう新しい福祉社会の構築にどのような貢献をすることができるのだろうか。そして、とりわけ農村・農業に根ざす福祉力（第5節で述べる）がこの課題にどのように絡み合うのだろうか。これら二つの問いは本書全体を通じる主題にほかならないので深く立ち入ることはしない。ここではこうした作業の意味をおさえておくために、日本の福祉政策が基礎を置いてきた従来の福祉概念と比べるとどのような違いがあるのかについて簡単に検討し、次に本書の主題を究明する作業を進めるためのフレームワークを考えてみたい。

従来の福祉概念といっても、研究のレベルと制度や実践のレベルとでは大きなズレが存在しているし、制度でも時代的背景によって重点が異なってくる。また福祉ではあまりに漠然としすぎているので、その前にたとえば「社会」という形容詞をつけて「社会福祉」というように限定することもあるが、それでも「社会福祉とは何かを定義することほど難しいものはない[16]」。そこでさしあたり、社会制度としての社会福祉を、岩田正美に倣って「目的概念」と「実体概念」とに分け[17]、そのなかでも人びとの暮らしを実際に規定している実体概念を従来の福祉概念として限定することにしよう。

その際に、公的な見解を記載している『国民の福祉と介護の動向』が参考になる。それによると、

1950年に行なわれた社会保障制度審議会の勧告が現在でも枠組みとして維持されているという。その枠組みとは、社会保険、国家扶助（公的扶助、具体的には生活保護）、公衆衛生（医療を含む）、社会福祉の4部門が上位概念としての社会保障を構成するというものである。ここで「社会保障制度とは、疾病、負傷、分娩、廃疾、死亡、老齢、失業、多子その他困窮の原因に対し、保険的方法又は直接公の負担において経済的保障の途を講じ、生活困窮に陥った者に対しては、国家扶助によって最低限度の生活を保障するとともに、公衆衛生及び社会福祉の向上を図り、もってすべての国民が文化的社会の成員たるに値する生活を営むことができるようにすることをいう」とし、社会福祉とは「国家扶助の適用を受けている者、身体障害者、児童、その他援護育成を要する者が、自立してその能力を発揮できるよう、必要な生活指導、更生補導、その他の援護育成を行うこと」[18]と規定されている。

こうした旧来からの福祉に関する制度的枠組みは、現在一般的に受け入れられている社会福祉の守備範囲をめぐる理解にも反映されている。それは大きく広義と狭義に分けられていて、広義の社会福祉は年金、医療、介護、雇用、労働災害関連の社会保険、公的扶助、社会手当、老人保健、社会福祉からなる社会保障と重なる。これに対して、福祉六法（生活保護、児童、身体障害者、知的障害者、老人、母子及び寡婦）の範囲が狭義の社会福祉として把握されている[19]。

以上のような旧来の福祉に関する理解は「広義」にしても「狭義」にしても機能や対象に限定されており、しかも公的な主体がその対象となる人たちに恩恵的措置を施すという視線を共有している。また旧来の福祉概念は精神的位相よりは身体的な位相に、社会的な位相よりは経済的な位相に傾斜する傾向があるとみてよい。こうした特徴をもって20世紀に展開・成長してきた近代福祉は、「社会経済的弱者」への注目やその地位の向上につながるような成果をあげてきたとはいえ、その二元論的な福祉の捉え方、すなわち障碍者と健常者、高齢者と若者、貧困者と非貧困者、寡婦と有配偶者女性というたように福祉施策の対象を明確に二分していく考え方では新しい世界を展望できないのではないか。このように対象を次々に細かく分けていく、いわば方法論的還元主義に基づく近代福祉は、福祉の「恩恵」を提供する主体とそれを一方的に受け取るだけの客体という関係を必然とする。こうした理解では、人びとが「良くあること」を達成しようとする主体的な働きかけや能動性を十分に捉えることができない。この視点が抜け落ちると、保護された＝社会から隔離された対象者が生きがいもなく生命をつなぐだけというような状態が生まれてくる。そこでは、生の意味が鋭く問われることになるだろう。さらに、二元論的福祉には権力関係が歴然と存在し、そのことが福祉をたいへんゆがんだものに変えてしまっている。芸能人の母親が生活保護費を受給していたことに対する過剰なほどの批難や、生活保護費の「不適切」な使用を知った場合に通報を義務づける兵庫県小野市の条例施行など、生活保護バッシングとでもいうべき最近の状況は、近代福祉における権力性の問題を端的に示している[20]。

したがって、現在求められている福祉はこの主体と客体の一方的・固定的な関係を乗り越えることができるように、より複合的・総合的でかつ、保健・介護・医療・農の連携など、個別の機能が有機的に結びついたものではないだろうか。この方向を実現するためには、バリアフリーやノーマライ

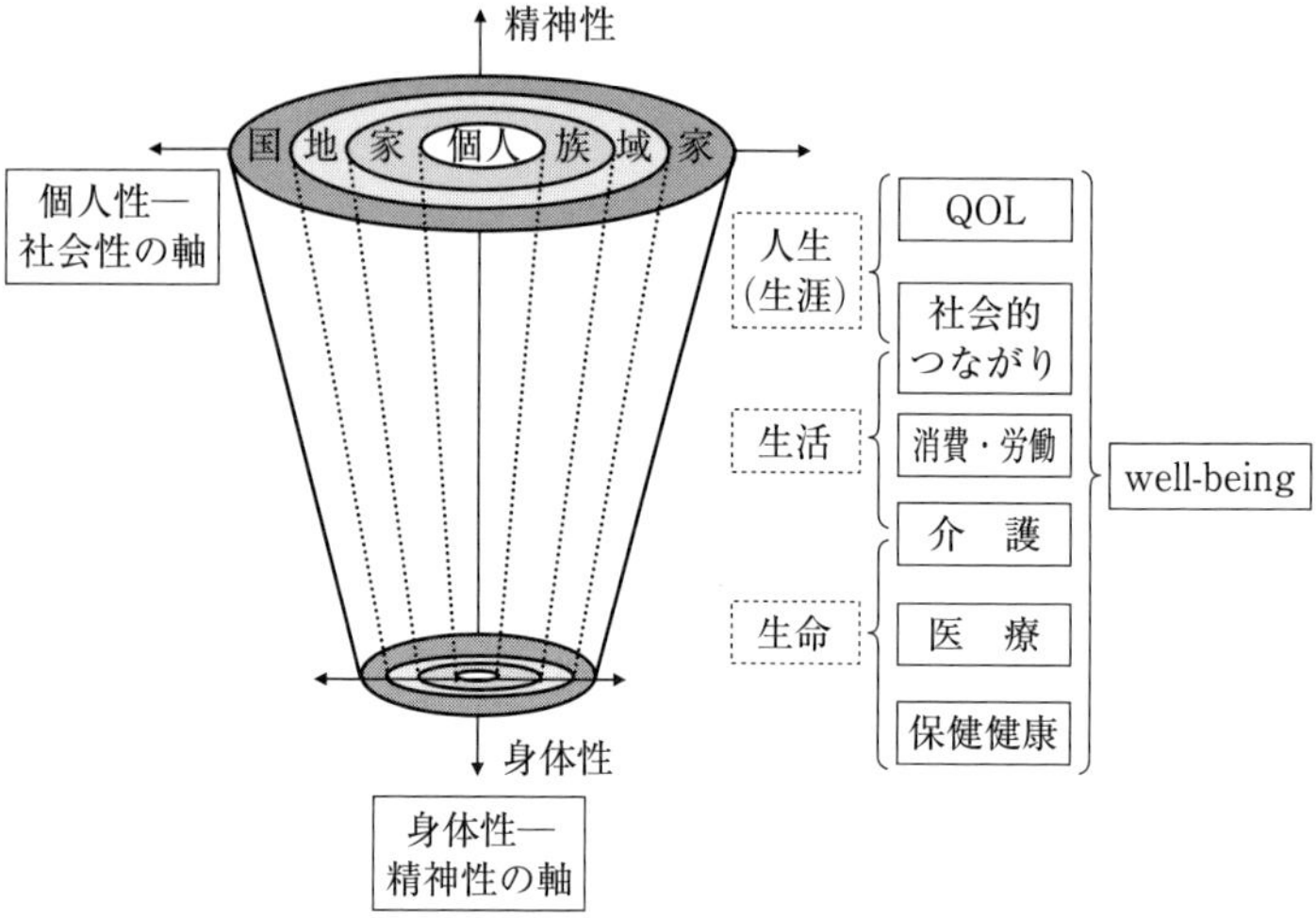

図１−１　福祉の構造と機能・領域

資料）筆者作成

ゼーションをインフラのレベルにとどめるのではなく、その考え方を社会経済や意識・規範のレベルにまで浸透・定着させ、社会化することが重要になる。さらに、福祉を実現する空間は個人や家族というミクロレベル、地域社会というメゾレベル、国家というマクロレベルの三つのレベルが密接にからみ合っている。

だから、新しい福祉の創造は対象とする領域についても福祉を作り上げていく主体についても、旧来の境界を意図的にはずしていく作業となる。いわば「境界はずし」という方法論的総合主義、すなわち二元論を乗り越える福祉への転換である。こうした構図のうえに、関係性と内発性に基づく「新しい福祉社会」が形成されていくことになろう。その構造と機能・領域を図１−１のように試論的にまとめてみた。横軸には福祉の主体となる個人性―社会性の軸を設定し、縦軸には福祉の機能・領域を示す身体性―精神性の軸を設定している。個人性―社会性の軸は、個人、家族、地域社会（コミュニティ）、公的主体（国家で代表）にまとめているが、職域や福祉サービス企業については明示していない。また福祉の最小単位は家族ではなく、個人としている点にも留意してほしい[21]。身体性―精神性の軸は、先述したウェルビーイングの四つの位相に対応しているが、同時に暮らし＝生を成り立たせている三つの要素を組み込んでいる。生を成り立たせる要素とは生命、生活、人生（坂本慶一[22]）あるいは生命、生活、生涯（藤村正之[23]）のことである。生命とは身体の生理的・物理的側面にかかわるので直接的には保健健康や医療、ないし介護の一部が主な内容をなす。生活は日々の消費（生命の再生産）や仕事（生計手段の獲得）、付き合いなど多様な事柄を含み、主として経済的、社会的位相とのかかわりが深い。人生ないし生涯の意味は誕生から死までの期間において何がなしうるか、なしえたかという自分自身の評価に左右される。その意味で、ＱＯＬが大きな位置を占めることになる。

4　幸福と国民総しあわせ指標（ＧＮＨ）

福祉を「良くあること」、さらに進んで「良くある状態になろうとすること、あるいは良くある状態に到達する可能性が開けていること」と考えるとすれば、幸福ないししあわせはこうした広義の福祉と深く関係すると判断してよいだろう。「良くあること」が達成できれば、あるいはその状態に近づきつつあると自覚できれば、人は自分をしあわせと評価する。そこで、この節では幸福について少し考えてみたい。

ここ10年ほどの間に経済学の世界で、「幸福の経済学」あるいは「幸福度の計測」に対する関心が急速に増大している。日本でも、『幸福の政治経済学』や『幸せの尺度』などが相次いで刊行されている。[24] そのことの評価はここでは差し控えるが、このような動きを促進したのがブータンのGNH（Gross National Happiness、国民総幸福量）だったことは想像に難くない。2011年11月には、10月に結婚式を挙げたばかりのジグミ・ケサル・ナムゲル・ワンチュク・ブータン第5代国王が来日したことも影響してか、にわかにブータン関連の報道や出版が増加した。なかでも、ブータンが国の目標として掲げているGNHについての論評が急激に増えた。

ちなみに、朝日新聞のデータベース「聞蔵」でGNHを検索すると、初出の2000年から2012年末までの間に104件がヒットした。そのうち2004年まではわずか4件、2005〜2009年は27件で、2000年代にはほとんど取り上げられてこなかったといってよい。2010年4月には後で述べるようにブータンのティンレイ首相が全国経済同友会セミナーでGNHの紹介をしたが、それでもヒット件数は9件にとどまった。それが2011年になると一挙に28件、2012年36件へと著増した。また「幸福度」で検索してみると、初出の1984〜2012年末までに248件がヒットし、「幸福度」はGNHよりも早い時期から浸透しているといえるが、その報道件数は1999年以前が17件、2000〜2004年が11件、2005〜2009年が35件と限られていたが、2010

年に49件、２０１１年に64件、２０１２年に72件と急増し、ＧＮＨと連動していることがわかる。

このような幸福に関する指標の開発はこれまでにもいくつか試みられてきたが、必ずしも一般に定着しているとはいいがたい。また、開発が試みられたがいまだに陽の目を見ていないものもある。そのなかで、幸福に関する指標化の動きに拍車をかけたのはＯＥＣＤが２００４年、２００７年、２００９年に相次いで開催した「社会の進歩と幸福度に関する世界フォーラム」である。またニューエコノミクス財団によるハッピー・プラネット指数（平均寿命、生活満足度、生態学的フットプリントで計算、地球幸福度指数とも表現される）が、環境負荷を考慮した国の豊かさを示す指標として評価されるようになったことも影響しているだろう。

２００８年には、レスター大学による幸福度（充足度）調査が行なわれ、その結果上位は北欧諸国が占めた。ちなみに、ブータンは8位だったのに対し、ＧＮＰ大国の日本は90位にとどまった。このため、レスター大学の調査結果は日本人にとって衝撃的であり、ＧＮＰでは幸福を計れないという議論の論拠としてしばしば使われるようになった。

幸福度と経済的成果との関係を本格的に調査したのは、スティグリッツを座長とする委員会（経済パフォーマンスと社会進歩の測定に関する委員会、スティグリッツ・セン・フィトゥシ委員会ともいう）である。サルコジ仏大統領によって立ち上げられた同委員会の報告は、幸福度および社会進歩を三つのカテゴリーに分類するフレームワークを提案した。すなわち、物質的生活条件（Material Living Conditions）、生活の質（Quality of Life）、そして持続可能性（Sustainability of Well-being

(3) 関係性

大枠	主要な指標			
	ライフスタイル	個人・家族のつながり	地域・社会とのつながり	自然とのつながり
個人・世帯・地域	自由時間	家族、友人との接触密度	自己有用感	自然への畏敬
子ども・若者	遊び、就学、塾・習い事の時間配分	孤独を感じる子ども	ひきこもり	
成人	有給休暇取得率	両親など近親者が近隣に不在	NGO、NPO各種団体への参加	
高齢者	手段的日常生活動作（IADL）	独居で親族が近隣に不在		
指標数	7	8	13	5

資料）幸福度に関する研究会「幸福度に関する研究会報告　幸福度指標試案」内閣府、2011年12月5日（URL：http://www5.cao.go.jp/keizai2/koufukudo/pdf/koufukudosian_gaiyou.pdf）

Over Time）の三つである。物質的生活条件と生活の質は人間のウェルビーイングとして統合される。同委員会報告は、人びとの主観的な幸福度を捉える指標を作らないと国民の豊かさは測れないとしている。ここで大事になるのは、生活や生活条件に関する人びとの「評価」という問題である。[25]

主流派経済学では、長らく幸福度を測定することはできないという認識に支配されてきた。しかし最近では、効用を測定する計量経済学の研究成果が次々に発表され、そこから主観的幸福度を測る試みが広がりつつある。[26]

日本政府が2010年の「新成長戦略」に「幸福度指標の作成」を盛り込んだのはそうした国際的潮流と無縁ではないだろう。日本でも内閣府の経済社会総合研究所

表１−１　日本政府による幸福度指標の試案

(1) 経済社会状況

大枠	主要な指標				
	基本的ニーズ	住環境	子育て・教育	仕事	制度
個人・世帯・地域	貧困状況	ホームレス数	学歴	望まない非正規雇用率	制度への信頼（政府）
子ども・若者	子どもの貧困率	子どもだけで過ごす時間がある子どもの数	学校生活満足度	ニート数	
成人	自己破産		子育て満足度、育児休暇取得率	仕事満足度	
高齢者	自虐高齢者数 高齢者の孤独死数			社会参加率	
指標数	14	9	13	15	5

(2) 心身の健康

大枠	主要な指標		
	身体的健康	精神的健康	身体・精神共通
個人・世帯・地域	長期疾患率	自殺死亡者数	平均寿命
子ども・若者	乳児死亡率、幼児死亡率	子どもあたり児童虐待数	
成人		うつ	DV 認知件数
高齢者	日常生活動作（ADL）	年齢別認知症発症率	健康自己評価
指標数	5	9	7

に研究会を設置して議論を進め、ブータンのワンチュク国王夫妻が帰国した直後の2011年12月5日に古川元久国家戦略・経済財政担当相が「幸福度指標」の試案[27]とともに、翌年2月に同指標案に基づく調査を実施することを公表した。幸福度指標は、表1-1に例示したような経済社会状況、心身の健康、家族や社会との関係性という三つの大枠からなるとされている。それぞれには11分野と132の個別データが割り当てられている。表には含めていないが、「水質・大気の質、放射線量への不安」という指標が入っているのは、「3・11複合災害[28]」の影響によるものだといってよいだろう。

幸福の経済学にしても日本の幸福度指標にしても、いずれも計量化そのものに重点があり、幸福の質的な内容についての考察は十分とはいえないように思う。それに比して、ブータンのGNHという考え方は、もともと深い哲学と長い経験に裏打ちされて構想されてきた。今枝由郎によると、ブータンがGNHというアイデアを打ち出したのは、1972年に第4代国王のジクメ・センゲ・ワンチュック（Jigme Singye Wangchuck）が即位演説でふれたことに始まる[29]。1976年には、同国王が物質的な発展よりも心の安らぎを目指すというGNH重視の方針を、第5回非同盟諸国首脳会議後の記者会見で明らかにした。このアイデアは21世紀に入ったころから徐々に注目されるようになり[30]、日本でも2005年には外務省主催のシンポジウムが開催された。

その後しばらくはGNHへの関心が沈静化したが、とくにリーマンショック後の不況期を経て、ふたたびGNHへの注目が急激に増大している。TPP（環太平洋経済連携協定）推進論や構造改革の主張のように市場原理主義的な言説が力を得ている一方で、奇妙なことにその対極にあるGNHが参照される機会も増えている。こうした時代状況は、所得が不十分でも（貧しくても）、豊かな心を持つ人であれば、低賃金の不正規就労でも我慢できるはずだという主張にとって非常に具合がいい。すなわち、「幸福」を強調することによって、「貧しく」ても幸せになれるという点だけを浮き彫りにし、経済的な格差や排除、分配の不公正さなどから目を逸らそうとする、あるいは覆い隠してしまう危険性をＧＮＨははらんでいる。この点で、ＧＮＨの「独り歩き」には十分注意が必要だろう。とりわけ、先進国がＬＬＤＣ（後発発展途上国）に位置づけられるブータンを過剰に称揚することには慎重さが必要である。[31]

ブータンのＧＮＨは、そうした市場原理主義的な曲解とは相いれない。ドルジェ・ワンモ・ワンチュック（Dorji Wangmo Wangchuck）王妃がいうように、「『国民総幸福』は仏教的人生観に裏打ちされたもの」で、「人間は物質的な富だけでは幸福になれず、充足感も満足感も抱けない、そして経済的発展および近代化は人々の生活の質および伝統的価値を犠牲にするものであってはならない、という信念[32]」に立脚しているのである。

大橋照枝によれば[33]、ティンレイ首相が１９９８年にＵＮＤＰ（国連環境計画）のアジア太平洋ミレニアム会議において行なった基調講演「ＧＮＨの価値観と開発」がＧＮＨの基本的枠組みを体系的に示した。そこでは、経済的自立、環境保護、文化の推進、良き統治が４本柱となっており、とくに精神的幸福といった質的目標が重視されている。ブータン総合研究所（The Center for Bhutan Studies）は２００６年にこの４本柱を九つの指標に細分化した。すなわち、精神面の幸福、人びとの健康、教育、文化の多様性、地域の活力、環境の多様性と活力、時間の使い方とバランス、生活水準・所得、良き統治が、それである。

ティンレイ首相は、2010年4月に「第23回全国経済同友会セミナー」(高知県)に招かれ、「地球規模での幸福な経済成長の実現―GNHの国、ブータンからの提言―」と題する基調講演を行なった。そのなかでGNH指標について言及しているが[34]、その考え方は「良くあること」を考えるうえで、たいへん有益な内容を含んでいる。

ブータンのGNH論が示しているように、充足していることや満ち足りていることとの条件として、物質的な側面だけでなく精神的側面や社会関係的側面が重要であることはいうまでもない。もちろん、心が豊かであれば経済的に貧しくてもよいというわけではない。精神的側面や社会関係的側面の重要性は仏教経済学やシューマッハーも注目していたし、玉野井芳郎などの生命系経済学にも共通している。つまり、「良くあること」「良く生きること」(well-being)はGNHを構成する要素として不可欠なのである。GNHはすべての人にとっての目標であり、基本的な生存権にほかならない。

5　なぜ農業・農村が福祉力を持つのか

第1節で述べたように、福祉の語義には農と深く通い合う側面が含まれており、福祉と農とは密接に関連している。しかし、第4節までは福祉を「良くあること」としてのウェルビーイングの重要性を強調してきたために、それは、ある時点で止まっている状態、つまり静態的な状態を示すものだと理解される可能性がある。ところがいうまでもなく、「良くあること」は自動的に与えられるものではなく、人びとの主体的な働きかけなしに獲得することはできない。だから「良くあること」としてのウェルビーイングには、その前提として主体的な意思・働きかけを含んでいる。そのことを明示するためには、福祉という用語では不十分である。そこで、人びとが個人的にまたはほかの人たちや集団と力を合わせて「良くあること」を作り上げていく過程や能力（潜在力を含む）を「主体的福祉力」という言葉で表現することにしたい。

福祉力という表現はすでに、２００２年にまとめられた総務省の共生のまちづくり懇談会報告書『地域の福祉力』を高めよう！[35]」において使われているし、また雑誌『農業と経済』の２００４年３月号が「輝け！　農の福祉力」という特集を組んでいて、ことさら目新しいわけではない。本書でも、北川太一がいうように「福祉力という言葉には、何らかの形で主体的に対応する、形作ってい く、創るといった能動的な意味合いが[36]」込められていると考えている。ただ、力には顕在化しているものだけではなく、潜在的なもの、過去の蓄積などが含まれることを忘れてはならない。たとえ、「一方的に援助を受ける[37]」側にいても、その存在自身が「良くあること」を他者に考えさせる力となりうるからである。

ここまで検討してきたように、福祉を「良くあること」としてのウェルビーイング、福祉力を「良くあること」を獲得するための主体的な意思・働きかけと捉えるとすると、福祉は農の世界においてよりよく達成されるのではないかと、筆者は考えている。つまり、農的な営為には「良くあること」としての福祉を引き出す力が備わっているのではないかということである。しばしば指摘されるように、農には保養力・健康増進力・治癒力（癒しの機能）などがあるといわれる。園芸福祉やアニマル・セラピーの実践はそのことの表れである。このような福祉を引き出す力を「農的福祉力」と呼ぶことにしたい。なお、この表現は原珠里がすでに使用している。原によると、農業には「作業面でのアクティビティ」と「メンタルな達成感」という「健康機能」がある。原はそれを「農的福祉力」と呼んでいる[38]。本書では健康機能だけでなく、もう少し広い意味での福祉を引き出す力として捉えておきたい。

少し複雑になるが、福祉を実現していくメカニズムは、人びとの働きかけという主体的福祉力と農それ自身に内在する農的福祉力の二つの力がうまくかみ合う時に発揮されると考えたい。以下では、まず農の本来的特質を考え、次に園芸福祉をてがかりに農的福祉力の具体像について少し検討することとしたい。なお、主体的福祉力は第3章以下の具体的な取り組みのなかで具体像を明らかにするつもりである。

それでは、農の本来的特質はどこにあるのかを考えてみたい。端的にいえば、農は生を対象とする営為であり、直接的には生命を未来へとつなぐための再生産を目的とする営為でもある。生きるということは、定常性、循環性、多様性、柔軟性、関係性、互酬性といったいくつかのキーワードによって彩られている。これらのキーワードはまさに「良くあること」としてのウェルビーイングとも共通している。

よく知られているように、アダム・スミスは町で営まれる産業に対して農業を次のように評価した。「芸術や知的職業と呼ばれるものについで、これほど多様な知識と経験を必要とする職業はおそらくない。……ふつうの農業者でさえ共通にもっている、農業の多様で複雑な作業についての知識をこれらの本（農業についてあらゆる言語で書かれてきた無数の本）から集めようとしても、むだな試みだろう」。さらに、農作業は「天候の変化ごとに、また多くの他の偶発事ごとに、変化せざるを得ない」ので、「はるかに多くの判断力と裁量を必要とする」。いつもいろいろなことを注意深く観察し、その結果をあれこれと考慮して自分で判断を下しているので、単純労働を繰り返す職業従事者よりもはるかに理解力が優れている、とも述べている(39)。つまり、スミスは農業をいわば芸術に次ぐ第二の創造的・総合的職業と捉えていたといってよいだろう。そこには、農の持つ魅力や楽しさの源泉が確かに存在している。

そのことは、日本で園芸福祉を普及させるのに力を注いできた松尾英輔がしばしば引用しているヘルマン・ヘッセの文章とも共通性がある。すなわち、一つは「農夫のまねごと（農耕・園耕：筆者の解釈）は、遊びであるうちは好ましいことであった。習慣となり、義務となってしまうと、その楽しみは失われてしまった(40)」、もう一つは「土と植物を相手にする仕事は、瞑想するのと同じように、魂を解放し休養させてくれる(41)」、というものである。前者については、農の営為が経済活動になると、「創造性を伴った遊びのたのしみが失われる(42)」とも述べている。ここでのポイントは、スミスと同様に農は創造性をともなう営為であり、それゆえに人びとはそこから楽しみを感じること、またストレスからの解放と精神的な安らぎを入手できることにある。

しかし、農の特質は創造性だけにあるわけではない。ミルチャ・エリアーデは、農＝大地に生命的なリズムと生命の継起性をみてとっている。「大地は何よりも多産であるゆえに、『生きて』いるのである。大地から来たるものは何ものも生命を賦与されており、土に還って行く万物は、すべて新しい生命を与えられる(43)」。

生命は連続的に成長するが、その速度は必ずしも均一ではないし、個体ごとに成長段階も異なる。決して一足飛びに成熟することはない。そこで流れる時間は連続的なアナログの時間である。生命はこのように微分的かつ一方通行でしか成長しない。だから、収穫の喜びを手にするためには、人びとはその過程を観察し、うまく育つように手を加えて待たざるをえない。「待つ」ということは分業が可能な工業的生産と大きく異なっている。また、「待つ」ということは、前述の松尾がいう「『育てる』思想(44)」とも通底しているといえよう。

生命的なリズムは誕生から成熟・収穫までの過程だけでなく、当該シーズンにおける生命の死と次のシーズンにおける再生という面を持っている。時間の循環である。二宮尊徳が捉えた「天道の理」といってもよいだろう。さらにこの時間の循環も一様ではなく、かなり多層的である。1年生の野菜と多年生の野菜、あるいは果樹とでは循環サイクルの単位がまったく異なっている。

以上のように、農の本来的特質は生命の再生産とそこから生じる創造性にあると考えることができる。この点にこそ、農が「良くあること」「良く生きていく」という福祉を引き出す理由があるといえそうである。こうした農の福祉力を意図的に取り入れているのが園芸療法、園芸福祉である。ここで園芸療法と園芸福祉を並列しているのは、治療行為としての園芸療法とポピュレーション・アプローチ（集団全体への働きかけ）の考え方に近い園芸福祉とははっきり区別すべきだという見解も承知しながら、ともに農の福祉力に依拠している点では共通しているからである。以下では、園芸療法、園芸福祉がどのような農の働きに基づいているのかを、松尾の所論に基づいて簡単に整理してみよう。

松尾は、園芸・植物には生産的効用、経済的効用、心理的（精神的）効用、環境的効用、社会的効用、教育的効用、身体的効用という七つの効用があるという[45]。そのうち、心理的効用、社会的効用、身体的効用が農的福祉力と深くかかわっているといってよいだろう。なお、運動効果（身体的効用）と心理的・生理的効果（心理的効用）については自然科学的な研究が進められている[46]。松尾はさらに、その具体像をおおよそ次のように記している。人には植物を見ると気分が落ち着いたり、芽生えに愛おしさを感じたりするといった本能的欲求がある。この欲求が充足されると、心理的安定を保つことができる。人びとはさらにさまざまの加工食品やクリスマスリース、あるいはポプリを作るといった創造的活動にも携わる。そのなかで、人びとは「考える喜び、何かをやり遂げた喜び（達成感）を味わい、自信を深め、自己評価を確立し、意欲を持つ[47]」。ほかの人たちと一緒に活動したり収穫物を分かち合ったりすれば、「自分が社会の一員として存在している[48]」ことを確認できる。

こうした松尾の説明は、農的福祉力と大きく重なり合っている。アニマル・セラピーにも同様な農的福祉力が作用しているとみてよいだろう。こうした農的福祉力に注目して、園芸福祉を採用する福祉施設が少しずつ増えているし、それだけではなく障碍者雇用を中心に、園芸福祉を目的とする農園も誕生している。そのことは、福祉施設以外へも農的福祉力を応用していく可能性を示している。たとえば、農村に「癒し」を求めることはグリーン・ツーリズムや医療ツーリズム、あるいはケア・ツーリズムにつきものである。(49)だが、農村は「癒し」で満たされているわけではなく、それは整えられた空間を維持するための村びとたちの労働によって支えられている。こうした労働を含む、「そのままの農村」に「都市の高齢者や障害者が農村にやってきて、地元の高齢者や障害者とともに自然を体験したり、農作業を行ったりす」れば、「『園芸療法』の枠を超えて、『農村療法』」が成立するかもしれない。(50)農的福祉力の新しい可能性である。

注

(1) 原本はショメールの"Dictionnaire œconomique"(1709年刊行)で、その蘭語訳版を馬場貞由・大槻玄沢・宇田川玄真らが翻訳した。静岡県立葵文庫には100冊に及ぶ『厚生新編』各巻が残っている(まだかなりの欠巻がある)ので、30年以上の長期にわたって翻訳作業が続いたことは間違いない。なお、初めて刊行されたのは1937年のことだった。

(2) 加藤博史「社会福祉とは」加藤博史編著『福祉とは何だろう—What is Well-being?—』ミネルヴァ書

房、2011年、1頁。
(3)加藤、前掲注2、2～3頁。
(4)厚生統計協会『厚生の指標増刊　国民の福祉の動向』第51巻第12号、厚生統計協会、2004年。
(5)厚生統計協会『厚生の指標増刊　国民の福祉の動向2010／2011』第57巻第11号、厚生統計協会、2010年、32頁。
(6)加藤、前掲注2、1頁。
(7)鈴木七美「序——心地よい生を求めて」鈴木七美・藤原久仁子・岩佐光広『高齢者のウェルビーイングとライフデザインの協働』御茶の水書房、2010年、i頁。
(8)松永桂子『創造的地域社会：中国山地に学ぶ超高齢社会の自立』新評論、2012年、181頁。
(9)詳しくは、根村直美「WHOの〈健康〉概念に関する哲学的検討」原ひろ子・根村直美『健康とジェンダーI』明石書店、2000年を参照のこと。
(10)アマルティア・セン『福祉の経済学　財と潜在能力』岩波書店、1988年(2001年・第8刷)、2頁。
(11)アマルティア・セン、前掲注10、15頁、21～22頁。
(12)松永、前掲注8、131頁。
(13)坂本慶一『日本農業の転換』ミネルヴァ書房、1980年、6～8頁。
(14)松永、前掲注8、131頁。
(15)大井玄「『健康』についての一考察——疾病とQOL」原・根村、前掲注9を参照。
(16)岩田正美「社会福祉の概念」岩田正美・武田正吾・永岡正己・平岡公一『社会福祉の原理と思想』有

斐閣、2003年、20頁。
(17) 岩田・武田・永岡・平岡、前掲注16、20~27頁。
(18) 厚生労働統計協会編『国民の福祉と介護の動向　2012/2013』厚生労働統計協会、2012年、50頁。
(19) 岩田・武田・永岡・平岡、前掲注16、24~25頁。
(20) 生活保護は個人の生存権を保障する最後の砦であるが、さまざまな生活保護に対するバッシングが2000年代に入ってから急増しており、ただでさえ生活保護の受給者が感じている「引け目」の感覚が増幅されている。もはや生活保護は権利ではなく、「怠惰」や「自己責任放棄」の表象であるかのように扱われている。
(21) 介護保険制度の導入以降、家庭福祉（在宅介護）が強調されているが、その結果、介護者＝多くの場合女性（とりわけ高度経済成長期以前に生まれた女性）に、身体的にも精神的にも多大なしわ寄せがいっている。
(22) 坂本慶一「人間にとって農業とは何か」坂本慶一編著『人間にとって農業とは』学陽書房、1989年を参照。
(23) 藤村正之『〈生〉の社会学』東京大学出版会、2008年、264~273頁。
(24) ブルーノ・S・フライ、アロイス・スタッツァー『幸福の政治経済学』ダイヤモンド社、2005年、大橋照枝『幸せの尺度「サステナブル日本3.0」をめざして』（麗澤大学経済学会叢書）麗澤大学出版会、2011年のほかにも、ジョセフ・E・スティグリッツ、アマルティア・セン、ジャンポール・フィトゥシ『暮らしの質を測る　経済成長率を超える幸福度指標の提案』金融財政事情研究会、

２０１２年、ブルーノ・Ｓ・フライ『幸福度をはかる経済学』ＮＴＴ出版、２０１２年などがある。

(25)「評価」をめぐる問題はアマルティア・セン『福祉の経済学　財と潜在能力』におけるセンの主要な関心である。

(26) この点については、亀坂安紀子「人生と幸福度の経済分析（やさしい経済学）」『日本経済新聞』２０１１年3月1日～3月17日が参考になる。

(27) 幸福度に関する研究会「幸福度に関する研究会報告　幸福度指標試案」内閣府、２０１１年12月5日。

(28) ２０１１年3月11日に起きたいわゆる「東日本大震災」は地震、津波、原発事故という3種の災害が複合的に発生し、それぞれの被災地域はいうまでもなく、日本社会全体に深刻で大きな被害をもたらした。この意味で、「3・11複合災害」と呼んでおきたい。

(29) 今枝由郎『ブータンに魅せられて』岩波新書、２００８年、１６０頁。

(30) 筆者が最初にＧＮＨについて知ったのは２００１年2月20日に配信された「週刊ＭＳＮジャーナルダイジェスト」(http://journal.msn.co.jp) の「人類の生存可能性を問う（1）アマゾンからの告発」(風樹茂) という記事によってである。

(31) 佐和隆光『佐和教授　はじめての経済講義』日本経済新聞出版社、２００８年、第6章を参照のこと。

(32) ドルジェ・ワンモ・ワンチュック、今枝由郎訳『幸福大国ブータン』日本放送出版協会、２４４頁、47～48頁。

(33) 大橋照枝『幸福立国　ブータン』白水社、２０１０年、68～70頁。指標については同書第4章が詳しい。
(34)ジグミ・ティンレイ著、日本GNH学会編『国民総幸福度(GNH)による新しい世界へ ブータン王国ティンレイ首相講演録』芙蓉書房出版、2011年、第3章。同書は英文も収録しているので役に立つ。
(35)総務省・共生のまちづくり懇談会最終報告書「『地域の福祉力』を高めよう!」2002年3月。報告書本文は国会図書館蔵書検索・申込システム(NDL-OPAC https://ndlopac.ndl.go.jp/)から入手可能である。
(36)北川太一「今、なぜ、農の福祉力か」『農業と経済』昭和堂、2004年3月号。
(37)エヴァ・フェダー・キテイ『愛の労働あるいは依存とケアの正義論』白澤社、2010年。
(38)原珠里「園芸療法・園芸福祉をめぐる現状と問題点」『近畿中国四国農研農業経営研究』第16号、2007年3月。
(39)アダム・スミス、水田洋監訳、杉山忠平訳『国富論(一)』岩波文庫、2000年・第1刷(2004年・第5刷)、222~224頁。
(40)松尾英輔『社会園芸学のすすめ』農山漁村文化協会、2005年、18頁。
(41)松尾英輔『園芸療法を探る—癒しと人間らしさを求めて—』グリーン情報、2000年増補版(1998年・初版)、51頁。
(42)松尾、前掲注40、18頁。
(43)M・エリアーデ、堀一郎訳『大地・農耕・女性—比較宗教類型論—』未来社、1968年(1989年・第8刷)、99頁。

(44) 松尾、前掲注41、61頁、松尾、前掲注40、18頁。

(45) 松尾、前掲注40、54～63頁。

(46) その概要については、日本園芸福祉普及協会編集、吉長成恭・近藤龍良監修『園芸福祉のすすめ』創森社、2002年を参照のこと。

(47) 松尾、前掲注40、21頁。

(48) 松尾、前掲注40、21頁。

(49) ケアを目的とするツーリズムはまだ言葉として認知されていない。しかし、たとえば湯治はリハビリや慢性的疾病の緩和を目的としているので、一種のケア・ツーリズムとみなすことができるのではないだろうか。

(50) 玉里恵美子「農の福祉力の担い手　『福祉』と『農業・農村』の歩み寄り」『農業と経済』2004年3月号。

第2章　日本における福祉政策の特質と高齢社会の問題構図

1　日本における福祉政策の特質

第1章で述べたように、福祉という考え方は戦後になって日本社会に移植された。この意味では、日本の福祉政策ははじめからヨーロッパの歴史的・文化的背景を背負った「近代福祉」という性格を帯びていた。それは教科書的にいえば、イギリス・エリザベス王制下の1601年に制定された救貧法に始まり、ギルバート法、スピーナムランド制度、1834年の新救貧法といった一連の流れにみられる救貧事業の時代(1)を経て、19世紀後半のセツルメント運動やCOS（Charity Organization Society、慈善組織協会）によって救貧事業が組織化された慈善事業や社会事業の時代に転換し、さらに1942年のいわゆるベヴァリッジ報告が近代福祉国家の道を開いたとまとめることができるだろう。すなわち、産業革命と資本主義が生み出した社会的矛盾を背景に、その緩和策として始まった貧困対策から、生活保障を柱とするより一般的な福祉政策への転換・拡大という道筋である。

日本でも、自力で生活できない貧困者に対しては律令時代の「戸令」や仏教思想に基づく施薬院、飢饉対策としての「義倉」「社倉」などが散発的に実施されてきたが、国家という単位で考えると、1874（明治7）年に制定された恤救規則が最初の福祉政策として取り上げられることが多い。しかし、その原則は「済貧恤窮ハ人民相互ノ情誼ニ因テ其方法ヲ設クヘキ筈ニ候得共……」とあるように、まずは家族や親族、あるいは地域社会による扶養、扶助を第一義としていて、「国家による公的救済の義務主義はとられなかった(2)」し、同規則の対象と給付内容も「極貧ノ者独身ニテ廃疾ニ罹リ産業ヲ営ム能ハサル者ニハ一ケ年米壱石八斗ノ積ヲ似テ給与スヘシ」という程度のものだった。いわば、近代国家の体裁を整える必要性に迫られた「疑似福祉的」な施策だったと捉えることができる。

表2-1は日本における社会福祉政策の概略をまとめたものである。この年表からわかるように、その後も明治国家が福祉政策に本格的に取り組んだとはいえない状況が続いた。たとえば、1890（明治23）年には窮民救助法案が第1回帝国議会に提出されたが否決されて陽の目を見なかったし、1897年に第10回帝国議会に提出された恤救法案と救貧税法案も未成立に終わった。国家政策は救貧より防貧に重点を置くべきだというのが否決の理由だった(3)。救護法が成立するのはようやく1929（昭和4）年になってのことである。

明治国家以降の近代日本の福祉政策は、イギリスと同様に最初は救貧的な施策を志向しつつも、その実態は内務行政としても不十分なままに終わったが、社会事業への移行は１９１７（大正６）年の軍事救護法、１９１９年に行なわれた救護課の社会課への改称、１９２１年の「社会事業調査会」、１９３８年の社会事業法などわりあいに急ピッチで進められた。その背後には大正デモクラシーの高揚と労働争議や小作争議の頻発を受けて、社会不安を予防する必要性が高くなったことがあるとみてよい。だから、社会事業への移行が進んだとはいっても、国家によるイニシアティブは限定的だった。

明治から昭和戦前期にかけては、むしろ篤志家や宗教界による民間レベルの活動が精力的に取り組まれた。表に示した石井十次や聖ヒルダ養老院以外にも、小橋勝之助による博愛社（１８９０年、赤穂）、宮内文作らによる上毛孤児院（１８９２年、前橋）、留岡幸助による家庭学校（感化院、１８９９年、巣鴨、のち１９１４年に北海道上湧別村に分校）などの活動がよく知られている。また各地の養老院が全国養老事業大会を定期的に開催し、１９３２年には半官製の組織として全国養老事業協会を結成し、１９２９年成立（１９３２年施行）の救護法の受け皿となったことも、高齢者福祉の観点からは注目される動きである。

それでは、戦後日本の現代福祉はどのように展開してきたのだろうか。その一つひとつを説明することは本書の課題を超えるので、まず大きな流れをおさえたうえで、そのなかでも特筆すべき事柄をいくつかピックアップすることにしたい。

まず、戦後福祉政策の流れを概観すると、大きく、戦後復興期、高度経済成長期、低成長期、バブ

年次	事　項
1982	老人保健法制定（1986年改正により老人保健施設が創設）
1986	長寿社会対策大綱策定
1987	社会福祉士および介護福祉士法制定
1989	ゴールドプラン（高齢者保健福祉推進10カ年戦略）策定
1990	老人福祉法および老人福祉法の一部改正（社会福祉関係八法の改正）
	社会福祉関係八法の改正により在宅介護支援センターが生まれる
1994	高齢社会福祉ビジョン懇談会、「21世紀福祉ビジョン」を取りまとめ公表
	高齢者介護・自立支援システム研究会、「新たな高齢者介護システムの構築を目指して」を公表
	エンゼルプラン、新ゴールドプラン（新・高齢者保健福祉推進10カ年戦略）策定
	老人福祉法の一部改正
1995	高齢社会対策基本法制定
1997	介護保険法成立（12月）、翌年4月施行
1999	日常生活自立支援事業創設
	ゴールドプラン21（今後5カ年間の高齢者保健福祉政策の方向）策定、2000年より実施
2000	社会福祉事業法を社会福祉法に改正
2001	医療制度改革大綱の策定
2002	健康増進法の成立・公布
2003	社会福祉法の施行（地域福祉計画の策定）
2004	ゴールドプラン21の終了
2005	介護保険法の改正（予防重視型システムの導入、保険給付の効率化と重点化など）
2006	高齢者虐待の防止、高齢者の擁護者に対する支援等に関する法律成立、施行
	介護保険法の改正により地域密着型サービスの創設
2008	老人保健法を高齢者の医療の確保に関する法律に改正し、後期高齢者医療制度創設
	介護保険法および老人福祉法の一部を改正する法律、翌年5月に施行
2009	介護保険法の改正による介護報酬の改定率アップ（3%）、介護認定方式の変更
	厚労省老人保健福祉局「地域包括ケア研究会報告書」を公表

資料）菊池正治・清水教恵ほか『日本社会福祉の歴史』ミネルヴァ書房、2003年、井村圭壮・相澤譲治『高齢者福祉史と現状課題』学文社、2010年

表2-1　日本における社会福祉政策の概略史

年次	事　項
1871	棄児養育米給与方（太政官達300号）
1873	三子出生ノ貧困者へ養育料給与方（太政官布告第79号）
1874	恤救規則制定（太政官達162号）
1887	石井十次、岡山孤児院設立、日本で最初の孤児院
1890	窮民救助法案、第1回帝国議会に提出したが、否決
1895	聖ヒルダ養老院、初めて養老院の名称をつけた施設として開所
1917	軍事救護法公布、救護課新設、1919年に社会課と改称、1920年に内務省社会局へ
1921	内務大臣の諮問機関「救済事業調査会」が「社会事業調査会」に改称
1925	第1回全国養老事業大会、大阪養老院にて開催
1927	「社会事業調査会」が政府の諮問（1926年）に対して「一般救護に関する体系」を答申
1929	上記答申に基づく「救護法案」の成立（第56回帝国議会）、公布。1932年より実施
1938	厚生省の発足（健兵育成のための保健行政）
	社会事業法公布、施行（施設社会事業に対する補助金制度と、それによる指導統制）
1946	旧生活保護法の制定
1948	児童福祉法、身体障害者福祉法の制定
1950	新生活保護法の成立、社会福祉主事制度（社会福祉主事法）のきっかけとなる
1951	社会福祉事業法の制定（社会福祉主事法の統合）
1955	長野県上田市で家庭養護婦派遣事業が始まる
1959	国民年金法成立（国民皆年金制度）
1960	精神薄弱者福祉法成立
1961	国民皆保険制度（国保、政管、組合、共済）
1962	老人家庭奉仕員事業（ホームヘルパー制度）開始
1963	老人福祉法、児童扶養手当法制定
1964	母子福祉法、特別児童扶養手当法
1965	母子保健法制定
1970	社会福祉施設緊急整備5カ年計画
1971	児童手当法制定
1972	中央福祉審議会・老人福祉専門分科会「老人ホームのあり方」に関する中間意見のとりまとめ
1973	老人医療費公費負担制度（福祉元年）

ル経済期、平成不況期、構造改革強調期の六つに区分することができるように思う。こうした経済動向によって時期区分をするのは、福祉政策が福祉財政との関連でその時点の経済状況の影響を強く受けざるをえないからである。

戦後復興期は現代福祉の黎明期として位置づけることができる。この時期には生活保護法、児童福祉法、身体障害者福祉法のいわゆる福祉三法を中心に、社会福祉事業法の成立と福祉事務所の設置など福祉に関係する関係諸法、制度が成立・確立していく。この時期の特徴として、国家には国民の最低生活保障の権利を実現する責任があることを明示した点、「養老施設」範疇の成立と国費による経営費の補助が始まった点などをあげることができる。だが実際には、生活保護基準が低く、入所者の生活はとても貧しかった。農村高齢者には今でも根強く残っている「老人ホーム＝棄老」というイメージは、この時期の養老施設によって形づくられた可能性が大きい。

高度経済成長期に入ると、現代福祉が拡充されていく。福祉三法に加え、新しく知的障害者福祉法（1960年）、老人福祉法（1963年）、母子福祉法（1964年）が制定され、福祉六法の体制となった。国民年金や国民皆保険制度といった福祉、医療の根幹にかかわる制度も整えられた。1963年の老人福祉法は、養護老人ホーム、特別養護老人ホーム、軽費老人ホームという3種類からなる老人ホームの施設体系を定めた。

低成長期における福祉政策は、1973年の老人医療費の公費負担制度に象徴される福祉の拡充で幕を開けた。低所得の高齢者でも気楽に医者に通えるようになったという意味で、しばしば「福祉元年」と呼ばれるのはこのためである。ショートステイやデイサービスが始まるのもこの時期である。ところが、そうした拡大路線は長く続かず、１９８０年前後からはもっと安上がりの「日本型福祉国家」が唱道されはじめた。日本型福祉国家とは、自由民主党による「日本型福祉社会」[4]（１９７９年）に由来するが、１９８６年の『厚生白書』では個人・家庭の自立・自助を基本に、足らない部分を地域社会が支え（共助）、公共部門は最後の手段（公助）という三重構造論を展開した。１９８１年には第２次臨時行政調査会（土光臨調）が始まっており、翌年には中曽根内閣が成立する。福祉政策も、新自由主義的な方向に舵が切り替わっていった社会経済の基調と対応していかざるをえなかったのである。

バブル経済期には、長寿社会対策大綱が決定され、寿命の延長に対応する社会システムの構築が主張された。１９８０年代の日本型福祉国家論にみられた福祉改革の方向が具体化されはじめていく。１９８９年にはゴールドプラン（高齢者保健福祉推進10カ年戦略）が策定され、そのなかにはホームヘルパーやショートステイなどの目標値を定めた在宅福祉推進10カ年事業、寝たきり老人ゼロ作戦、長寿社会福祉基金の設置など7点が盛り込まれた。こうしたサービス提供は公助に期待するよりも、民間活力を活用すべきという方針が強化されていく。いわゆる福祉の市場化である。

平成不況期になると、財政問題とも絡んで、福祉改革が加速された。とくに、１９９０年にはそれまでの福祉六法体制が、改革された福祉八法（生活保護法、児童福祉法、身体障害者福祉法、知的障害者福祉法、老人福祉法、母子及び寡婦福祉法、老人保健法改め高齢者医療確保法、社会福祉法）による新しい福祉の仕組みに切り替わっていった。もっとも大きな変化は、「措置から保険へ」をうたい文句にした介護保険制度の成立で、サービスの選択＝応益負担原則の導入と民間業者による福祉競争によって特徴づけられる。介護保険はまた、福祉八法の改正で示された在宅福祉・地域福祉、自治体福祉計画への移行を促すものでもある。

構造改革強調期には、自助・共助・公助のバランス（実質は公助の後退、自助と共助への偏移）を唱える、従来通りの福祉改革の流れが今まで以上に推進されている一方で、新しい福祉の在り方を模索する流れの芽も見受けられる。前者の動きは地域医療に大きな影響を及ぼしているベッド数の抑制や診療報酬の改定、介護保険法の改正による認定方式の変更などさまざまの点で、公的サービスの縮小と自己負担の増加という方向が強化されている。この点については、日本の福祉政策が明治期に先祖返りしているかのような印象を受ける。先に述べたイギリスのセツルメント運動の意義として、貧困は怠惰とか意欲欠如といった個人的な問題ではなく、不安定就労や低賃金という社会経済的な構造によって生じる問題だという認識を社会化した点に求めることができる(5)。ところが、このところの日本の福祉改革路線はエリザベス救貧法時代のイギリスや、個人の自己責任や地域の相互扶助（人民相互ノ情誼）を基本とする日本の恤救規則の時代と同じ認識に立っているように思われてならない。

そうしたなかでの期待は、新しい福祉の流れを模索する動きとそこに胚胎する転換の芽である。一つは、老人保健福祉計画の経緯から生まれてきた地域福祉計画（2000年）である。老人保健福祉計画は1989年のゴールドプラン、1994年の新ゴールドプラン、1999年のゴールドプラン

21と変わってきたが、その経過のなかで老人保健福祉計画を達成するためには地域づくりと連動せざるをえないという認識が生まれてきた。地域福祉計画はその表れであるといえよう。同様に、地域包括ケアシステムの提案と実行は、住み慣れた地域で知り合いとつきあいながら、しあわせに暮らすという願いを支えるもので、本書の意図するところと共通性が高い。二つめの新しい芽としては、福祉・介護の担い手が多様化してきていることである。伝統的な社会福祉協議会や民間活力として期待されている事業者だけでなく、ボランタリーな集団、各種のＮＧＯ／ＮＰＯ、さらには農協、生協、ワーカーズ・コレクティブなども重要なアクターとして制度的に位置づけられるようになりつつある。

以上のような日本における福祉政策の小史にみられる変化を、仲村優一はあらあら次のように要約している[(6)]。すなわち、第一に選別的・救貧的福祉から一般的・普遍的福祉へ、第二に施設福祉中心の福祉から在宅福祉の強調へ、第三に受動的措置の福祉から主体的選択利用の福祉へ、第四に公的行政による画一的サービス供給から公共共働による多元的供給へ、第五に行政の福祉セクショナリズムから地域における保健・福祉サービスの横断的総合化へ、という変化である。この5点についてはおおむね合意できるが、やはり福祉の市場経済化と公的セクターの後退（国家責任の放棄）を指摘しないことには日本における現代福祉の特質を語ったことにはならない。

最後に、現代福祉とは異なるもう一つの新しい福祉を展望するために、今生まれている新しい芽を評価する視座を述べておこう。これからの福祉は、福祉効率ではなく、何よりも個々の人間・生活者の視点からの評価に耐えうるものでなければならない。ウェルビーイングとしての福祉の価値は、その人らしい人間性を発露できるようにサポートしているかどうか、尊厳ある生（ディーセント・ライフ）を尊重しているかどうかによって評価される。その時に生じる「福祉サービスの裨益者」（「社会的弱者」と捉えられてきた）と「福祉サービス」の提供者との境目を問い直すことが重要である。サービス提供→サービス享受は一方的な権力関係の下におかれてしまう。この権力性を避けようとして、ケアのような「福祉活動」はサービスではなく、お互いに「学び―学びあう」関係にあるという認識を重視する動きが「痴呆さん」[7]や精神障碍者の共同作業所などに生まれている。このことは、現代福祉が対象者のある部分（障碍、年齢、病気など）を切り取って、福祉の対象として把握してきた方法論に鋭く反省を迫り、トータルとしての生活者、一人の人間としてつきあう福祉手法をもとめる動きにつながるだろう。それはノーマライゼーションの拡大であり、物的・施設的なバリアフリーを超えた心のバリアフリーや対象把握方法のバリアフリーを実現することでもある。その舞台はやはり生活世界としての地域社会がふさわしい。

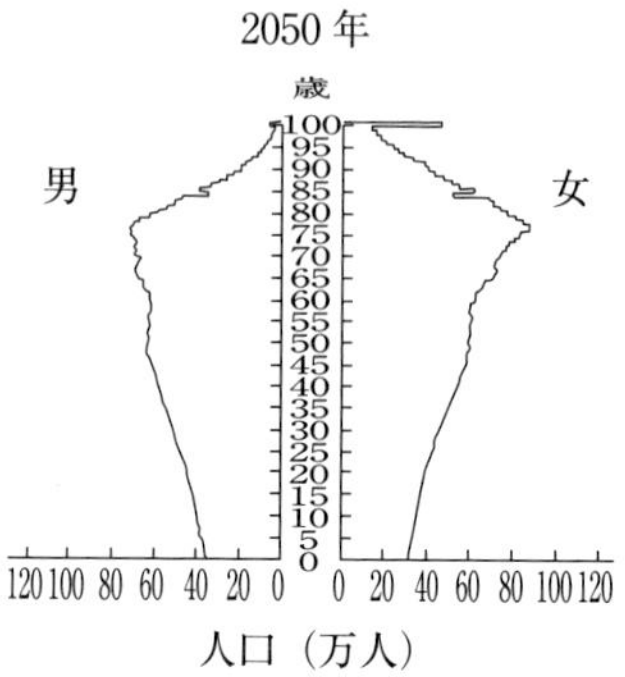

2000年、2050年）

祉協議会、2003年、37頁

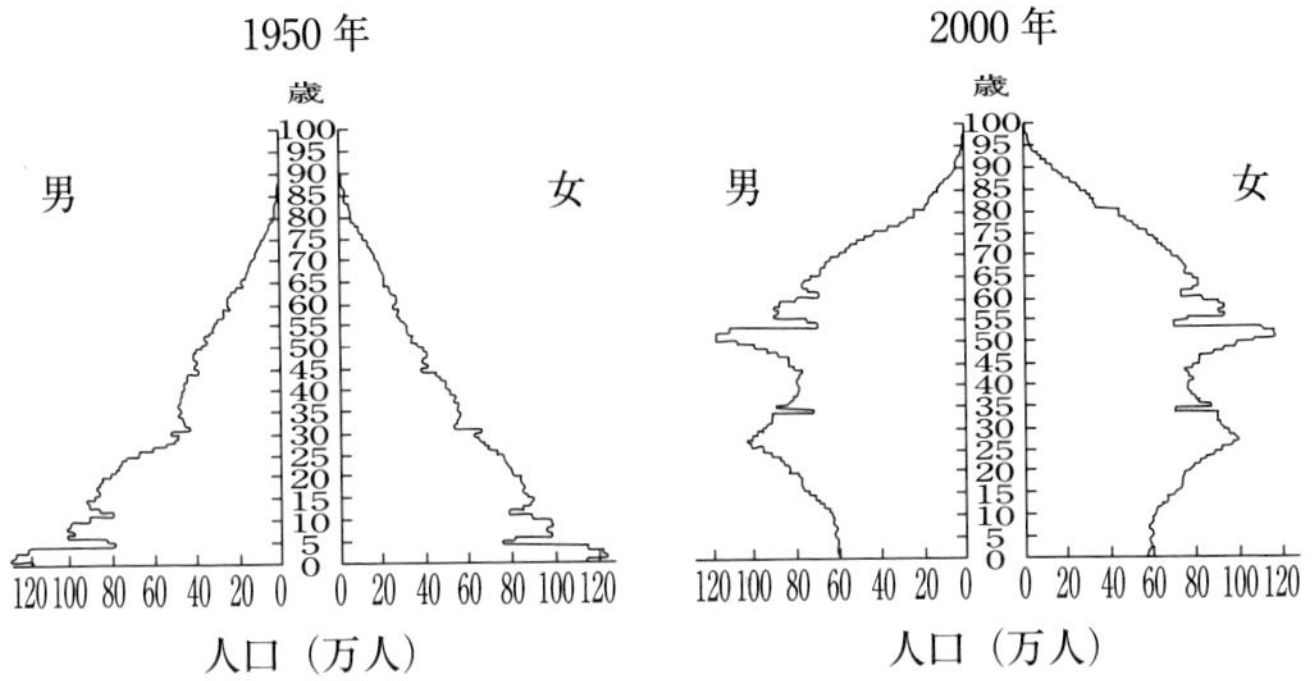

図2−1　人口ピラミッドの長期推移（1950年、

資料）三浦文夫編『図説高齢者白書　2003年度版』全国社会福

2　日本社会の高齢化

人口の高齢化は年齢階級のバランスのくずれによっても発生しうるが、基本的には高齢者の増加＝平均余命の伸長＝長寿化と、若齢者の減少＝出生率の低下＝少子化によって進む。前者は医療技術の進歩や栄養状態の改善によるものであり、後者は男女青年層の高学歴化と晩婚化や有業女性の増加、それらにともなう結婚観や家族観の変化によるものである。農村ではさらに、「嫁不足」「婿不足」と呼ばれる後継ぎの結婚難が少子化に拍車をかけている。人口の高齢化をもたらすこれらの要因は近代化や経済成長に付随するものであり、その意味で人口高齢化はなかば必然的傾向である。そのことは、いわゆる先進国が軒並み高齢化過程をたどっており、またいわゆる「発展途上国」のなかでも「世界の成長センター」と呼ばれてきた東・東南アジアなどでは高齢化の速度が飛躍的に高まっていることをみれば了解しやすい。

図2－1は、日本の人口構造の変化を全体として眺めるために、『図説高齢者白書　2003年度版』から転載したものである。[8] この図からわかるように、戦後間もない1950年の人口ピラミッドは三角形に近く、多産多死による典型的な「ピラミッド型」をしていた。それが、戦後半世紀を経た2000年の人口ピラミッドは、底（年少人口のうちの乳幼児年齢層）が浅く、「団塊の世代」とその子ども世代を除いて、生産年齢人口（15～64歳）の各年齢層が相対的に均等であり、65歳以上の老年人口では上の年齢層に移るにつれて緩やかに減っていく「つぼ型」になっている。この間には年少人口、生産年齢人口の幅が割合に均等で、老年人口が緩やかに減っていく「つりがね型」の段階があったはずで、それだけ日本の人口ピラミッドは不安定な形状を示す段階に入っている。この不安定さは2050年になるとさらに加速され、上部がふくれているのに、底にいくほど幅が狭くなるというきわめて不安定な逆三角形に近づくものと予測されている。

以上のようなドラスティックな変化をいま少し細かくみたものが表2－2である。この表は、高齢化に関連する指標の長期的推移を示している。日本では1920（大正9）年に第1回目の国勢調査が実施された。これ以降、かなりの程度正確な人口データが継続的に手に入る。

まず、高齢化率（65歳以上人口の総人口に占める割合）は、戦前期には微減傾向を示していた。これは戦時体制の下で、「産めよ増やせよ」が国策とされ、健兵供給のための保健政策や母性保護政策が行なわれて、出生数が増え、また乳幼児の死亡率が低下したからであると思われる。しかし、高齢

表2-2　高齢化関連指標の長期的推移

年次	従属人口指数	年少人口指数	老年人口指数	老年化指数	年齢中位数(歳)*	高齢化率(%)
1920	71.6	62.6	9.0	14.4	22.2	5.3
1930	70.5	62.4	8.1	13.0	22.8	4.8
1940	69.0	61.0	8.0	13.1	22.0	4.7
1950	67.7	59.4	8.3	13.9	22.2	4.9
1960	55.9	47.0	8.9	19.0	25.6	5.7
1970	45.1	34.9	10.3	29.4	29.0	7.1
1980	48.4	34.9	13.5	38.7	32.5	9.1
1990	43.5	26.2	17.3	66.2	37.7	12.0
1995	43.9	23.0	21.0	91.2	39.7	14.5
2000	46.9	21.4	25.5	119.1	41.5	17.3
2005	51.4	20.8	30.5	146.5	43.3	20.1
2010	56.8	20.7	36.1	174.0	45.0	23.0

資料）1995年までは、嵯峨座晴夫『人口高齢化と高齢者』大蔵省印刷局、1997年、12頁、15頁、2000年以降は総務省『国勢調査』

注1）従属人口指数＝（0～14歳人口＋65歳以上人口）／（15～64歳人口）×100
年少人口指数＝（0～14歳人口）／（15～64歳人口）×100
老年人口指数＝（65歳以上人口）／（15～64歳人口）×100
老年化指数＝（65歳以上人口）／（0～14歳人口）×100
高齢化率＝（65歳以上人口）／総人口×100

2）*年齢中位数とは、全人口を年齢の小さいほうから並べた場合、全人口の2分の1番目にあたる人の年齢をいう

化率は1955年に1920年水準に回復すると、それ以後は一貫して増加している。1960年代までは高齢化率の伸びが1桁台で、高齢化の進展は比較的緩やかだったが、1970年代以降、高齢化の伸び率が2桁台に突入した。こうして、1985年に高齢化率が10％を超えて、高齢社会への移行過程に入った（高齢化の開始）。その後、高齢化率の増加速度はさらに大きくなり、2000年に17・3％、2005年には20％を上回った。2000年代前半には、前期高齢社会の指標で

である15～20％水準に到達してしまったのである。2010年には23・0％に達し、後期高齢社会の指標である20％を大きく超えている。さらに、このときの65歳以上人口は約2925万人だったが、2012年10月時点には推計人口が約3079万人と初めて3000万人台を大きく突破した[9]。いわゆる「団塊の世代」が65歳以上に達したためで、今後しばらくは高齢化が急ピッチで進むことになる。

65歳以上人口の生産年齢人口に対する割合で表される老年人口指数は、1920年に9・0だったが、1935年まで漸減して8・0となり、生産年齢人口の戦死という特殊要因のある1945年でも8・8で、1920年段階を超えるのは1965年になってからである。この点は、高齢化率よりも10年遅れている。その後1970年代までは、老年人口指数の伸びは緩やかだったが、1980年代に大きく伸び、さらに1990年代から2000年代にかけて急伸し、2010年には36・1％にも達した。

一方、年少人口指数は、戦前期には出生数が相対的に安定しており、62から63のあいだで一定水準を保っていた。しかし、戦後になると、第1次、第2次のベビーブームのときに年少人口指数が少し高まったものの、大勢としては大幅な減少傾向を続けている。1960年には早くも、年少人口が生産年齢人口の半分以下となり、1960年から1965年には10ポイントも急減した。その勢いは止まらず、1990年には30を割り込み、2010年には20・7とかろうじて20台を維持するのがやっとというレベルにまで低下してしまった。

老年人口指数と年少人口指数との組み合わせである従属人口指数については、1920年以来

１９９０年までの低下期（１９８０年を除く）、１９９０年を底とするそれ以降の上昇期に区分することができる。１９９０年までの動きは出生率の急速な低下に対応するものであり、１９９０年以降の動きは高齢者の急増に起因する。だから今後、年少人口の増加があまり見込めないとしても、老年人口指数の大幅な増加によって、従属人口指数はしばらくのあいだ増え続ける可能性が高い。２００５年には51・4、２０１０年には56・8と従属人口はすでに生産年齢人口の過半を超えている。

老年人口と年少人口の比を示す老年化指数は、１９２０年に14・4、１９３５年にはわずか12・6だった。それが、60年後の１９９５年には91・2と7倍以上もの伸びを示し、２０００年には１１９・１と１００を大幅に上回ってしまった。今後も、老年人口が増加する一方で、年少人口は停滞ないし減少気味に推移すると見込まれるので、老年化指数はますます大きくなると推測される。

最後に、年齢中位数は、１９５０年くらいまでは22歳台でほとんど変化がなく、１９５０年代、１９６０年代とも小幅な伸びにとどまっていた。それが１９８０年には30歳代に入り、さらに２０００年には41・5歳と40歳を超えてしまった。２０１０年にはなんと45・0歳で、あまり遠くない将来に人口の半分が50歳以上という局面を迎えかねない事態になっている。

以上のように、どの指標をみても、若い人口構造を持っていた日本社会が、急速に成熟型の人口構造に移っていることがわかる。その画期は割合に新しく、高度経済成長の後期（１９６０年代の後半）くらいに高齢化傾向が始まり、１９８５年ごろにはその傾向が強まった。１９９０年代に入ると、その速度にはますます拍車がかかっている。

表 2-3　高齢化関連指標の将来推計

年次	従属人口指数	年少人口指数	老年人口指数	老年化指数	年齢中位数（歳）	高齢化率（%）
2010	56.7	20.6	36.1	175.1	45.1	23.0
2015	64.8	20.6	44.2	214.5	46.8	26.8
2020	69.1	19.8	49.2	248.0	48.9	29.1
2025	70.3	18.7	51.6	276.2	51.0	30.3
2030	72.2	17.8	54.4	306.1	52.7	31.6
2035	76.8	17.8	59.0	331.4	54.0	33.4
2040	85.4	18.5	66.8	360.4	54.9	36.1
2045	90.9	18.9	72.0	381.2	55.4	37.7
2050	94.1	18.8	75.3	401.4	56.0	38.8
2055	95.3	18.3	77.0	420.9	56.6	39.4
2060	96.3	17.9	78.4	437.8	57.3	39.9

資料）国立社会保障・人口問題研究所「日本の将来推計人口（出生中位・死亡中位推計）」（平成 24 年 1 月推計）、URL：http://www.ipss.go.jp/syoushika/tohkei/newest04/sh2401smm.html

国立社会保障・人口問題研究所が２０１２年１月推計として公表した「日本の将来推計人口」によると（表２－３）、高齢化率は前述のように後期高齢社会の目安である20％を大きく上回っている２０１０年を起点として、２０６０年の39・９％まで一貫して増加し続けると予測されている。高齢化率が30％を超えるのは２０２５年のことであるが、１９９７年の推計では２０４０年とされていたから、予測以上の速度で高齢化が進展していることになる。なお１９９７年推計では、32・３％で高齢化のピークに達する２０５０年をターニングポイントとして、高齢化率は緩やかに低下していくものとされていたが、２０１２年推計では２０６０年でもピークに達していないし、しかも40％に限りなく迫っている点が注目される。21世紀の日本はまさに超高齢社会のただなかを過ごしていくことになる。

その他の指標についても簡単に検討しておくと、老年人口指数は２０１０〜２０１５年と２０３０〜２０３５年に８％近い大幅な伸びを記録するほか、それぞれの期間に５％前後の増加率が予測されている。２０１０年には36・1だったが、それが２０２５年に51・6、２０４０年に66・8、２０６０年には実に78・4に達すると見込まれている。一方、年少人口指数は２０１０年と２０１５年の20・6から漸減して、２０３０年と２０３５年に17・8まで低下して底を迎える。しかし、その後も急反転するわけではなく、微増・微減を繰り返すだけで、２０１０年水準よりもまだ低いことに注意が必要である。従属人口指数は２０１０年から２０６０年まで一貫して増勢傾向にあり、２０６０年には96・3に達すると見込まれている。ほぼ1人の生産年齢人口が1人の従属人口を扶養することになる。しかも戦前や高度経済成長前期とは異なって、従属人口の大部分が高齢者であり、年少人口から生産年齢人口への繰り入れがあまり期待できない点に特徴がある。老年化指数は２０３０年に３０６・1、２０５０年に４０１・4、２０６０年に４３７・８という非常に高い数値になっているし、年齢中位数も２０２５年に51・0歳、２０６０年には57・3歳にも達する見込みである。

以上のように、日本社会は否応なく超高齢社会に突入していく。しかも、それは国際的にみて、これまでどこの国でも観察されたことのないほどの速度で進んできた。図２−２のように、１９５０年段階における日本の高齢化率は主要先進国のなかでも図抜けて低かったが、１９９０年にはアメリカと、１９９５年にはフランスやドイツ、さらに２０００年には世界でもっとも高齢化の進んだ国とみ

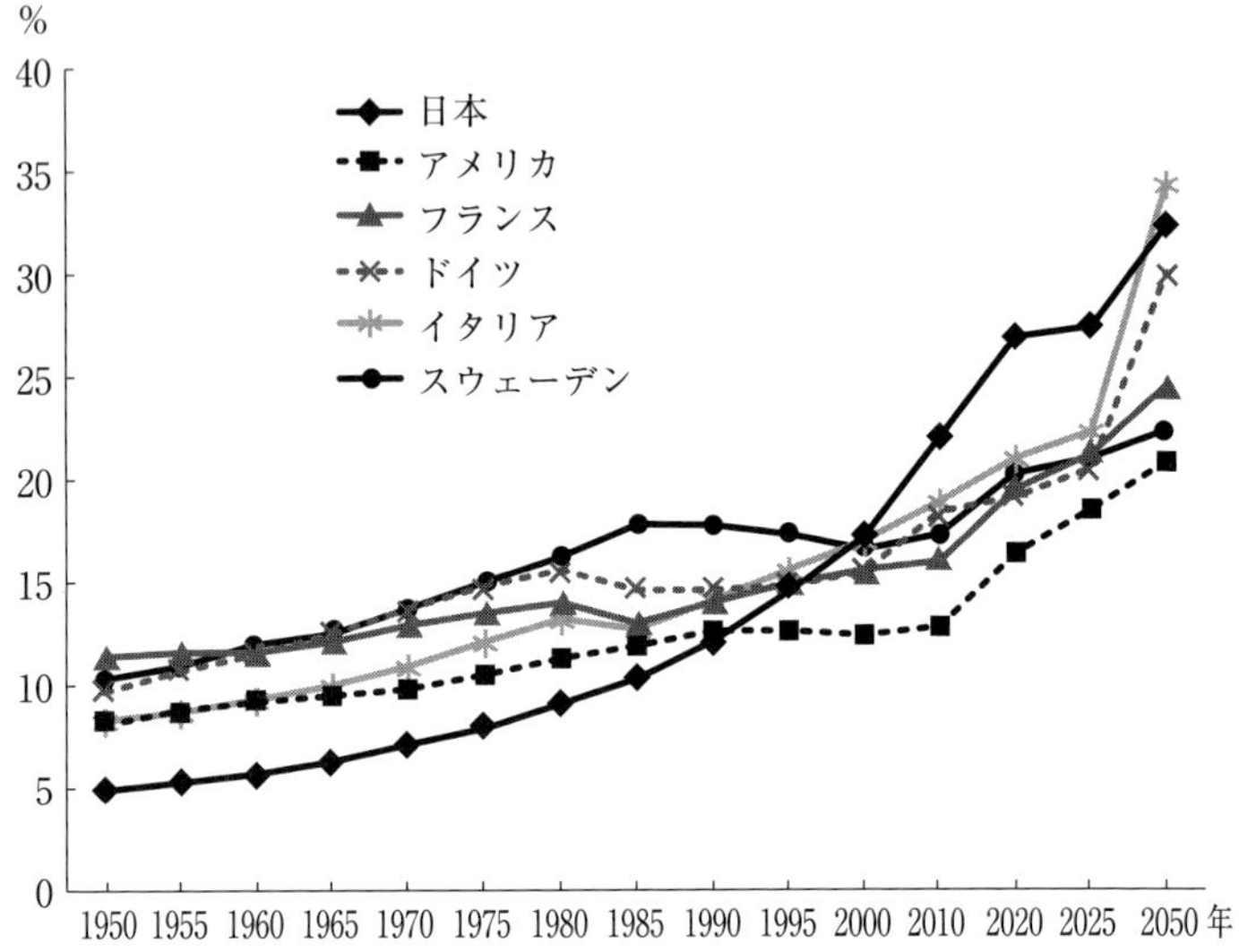

図2-2　主要先進国の高齢化率比較

資料）嵯峨座晴夫『人口高齢化と高齢者』大蔵省印刷局、1997年、21頁より作成

られているスウェーデンやイタリアさえもしのいで、日本が一番高齢化の進んだ国になった。

高齢化の速度を測る指標として、高齢化率が7％から14％になるのに要した倍化係数をみてみると、日本のそれはたった25年（1970～1995年）である。主要先進国のなかで、倍化年数がもっとも短いオーストリアでも35年を要した。ほかの国々はドイツが45年、イギリスが50年とほぼ半世紀を要したし、スウェーデンは85年、ノルウェーは90年、フランスに至っては130年も費やしている。このように、欧州諸国は相対的にゆっくりと高齢化の過程をたどり、それに対応する社会システムを構築する余裕があったと考えられる。ところが、日本の場合

表２−４　前期高齢者・後期高齢者の全人口に占める割合と増加率

年次		全人口に占める割合（%）		年平均増加率（%）	
		65 ～ 74 歳	75 歳以上	65 ～ 74 歳	75 歳以上
総数	1965	4.4	1.9	−	−
	1970	4.9	2.1	3.4	3.4
	1980	6.0	3.1	3.6	6.4
	1990	7.2	4.8	2.8	6.3
	2000	10.3	7.1	4.6	5.1
	2010	8.9	14.0	-1.3	9.9
男	1965	4.2	1.5	−	−
	1970	4.6	1.7	3.3	3.8
	1980	5.3	2.5	2.9	6.5
	1990	6.2	3.7	2.3	5.5
	2000	4.8	2.5	6.1	4.3
	2010	9.8	10.2	1.1	10.0
女	1965	4.6	2.3	−	−
	1970	5.2	2.6	3.7	3.1
	1980	6.6	3.7	4.1	6.2
	1990	8.2	5.9	3.2	6.8
	2000	5.5	4.6	3.5	5.5
	2010	7.8	17.5	−2.5	9.9

資料）総務省（総務庁）『国勢調査』各年次

にはあまりにも急速に高齢社会に突入したため、制度、政策体系、価値観を十分に転換する余裕がないままにさまざまの問題に直面せざるをえなくなっている。

もう一つの特徴は、75歳以上の後期高齢者の占める割合が大きく、かつその増加率が高いことである。表２－４によると、１９６５年に１・９％に過ぎなかった75歳以上の人口比率は年々増加して１９９０年には４・８％に、さらに２０１０年には14・０％にまで達している。とくに女の伸びは著しく、１９６５年に２・３％だったものが、2010年には17・5%と8倍近くの伸びをみせている。後期高齢者の伸び率は、1970年から2010年まで常に前期高齢者の伸び率を上回っていた。とくに1980年代以降はその差が大きい。全体では、2000年に前期高齢者の伸び率と後期高齢者のそれが近づいたけれども、2010年には前期高齢者が後期高齢者に移行したためか、前期高齢者の伸び率はマイナスに転じ、逆に後期高齢者の伸び率は9・9%にも及んだ。

3 高齢化の地域差と家族構造

この節では、高齢化の地域差に目を転じることとしたい。日本では、長いあいだ、高齢者は直系家族のなかで扶養されるものとみなす考え方が支配的だった。ところが、直系家族の存在態様は一様でなく、地域差をもっている。だから、高齢化の地域差と家族構造の地域差とを関連づけて考える必要がある。

一般に、高齢化率は「西高東低」の傾向を示してきた。その背後では「西南日本」、「東北日本」という伝統的な村落類型が影響を及ぼしていた。「西南日本型」の農村では人びとが「いえ」の重みから相対的に自由で、したがって若者層の都市流出が早くから始まった。またそれを引き受けるだけの都市が身近に成立していた。そのため、中高年齢層が農村に残留し、結果として高齢化率が高くなることとなった。それに反して、「東北日本型」の農村では直系多世代家族が相対的に分厚く存在し、

表２−５　都道府県別高齢化トップ５の長期推移（単位：％）

年＼順位	１位	２位	３位	４位	５位
1920	島根県 7.9	鳥取県 7.4	徳島県 7.4	福井県 7.0	高知県 7.0
1940	高知県 7.7	島根県 7.4	徳島県 7.4	鳥取県 7.0	沖縄県 6.9
1960	高知県 8.5	島根県 8.4	鳥取県 7.7	滋賀県 7.6	岡山県、香川県、徳島県 7.5
1980	島根県 13.7	高知県 13.1	鹿児島県 12.7	鳥取県 12.3	長野県 12.1
1990	島根県 18.2	高知県 17.2	鹿児島県 16.6	山形県 16.3	鳥取県 16.2
2000	島根県 24.8	高知県 23.6	秋田県 23.5	鹿児島県 22.6	山口県 22.2
2010	秋田県 29.5	島根県 28.9	高知県 28.5	山口県 27.9	山形県 27.5

資料）総務省（総務庁）『国勢調査』各年次

そのために高齢化率を低くとどめてきたのである。

しかし、このような「西高東低」傾向は１９９５年ごろに西南日本も東北日本も高率となる「西高東高」の状況に変わった。しかも、高齢化の波は全国に及んで、１９９５年には高齢化率が10〜12％の都府県は東京、神奈川、埼玉、千葉の首都圏のみとなり、12〜14％でも愛知、大阪、奈良の３府県を数えるだけとなった。このように、高齢化率は大都市圏で比較的低く、そこから離れるにつれて高齢化率が増すという構図に変化した。いわば西に限られていた高齢化の「フリンジ」（異なる領域がふれあうところ。ここでは「先端地域」の意味で使う）部分が東にまで拡大したのである。

そのことを、表２−５で確認しておこう。この表は都道府県別に、高齢化のトップ５を最初

表2-6　都道府県別高齢化速度のトップ5　（単位：%）

年＼順位	1位	2位	3位	4位	5位
1965～1970	秋田県 5.28	山形県 4.64	岩手県 4.02	東京都 4.0	北海道 3.94
1975～1980	東京都 4.58	神奈川県 4.28	大阪府 3.94	秋田県 3.72	富山県 3.66
1980～1985	秋田県 4.0	北海道 3.9	岩手県 3.6	青森県 3.56	神奈川県 3.38
1985～1990	青森県 4.86	秋田県 4.76	北海道 4.72	岩手県 4.42	山形県 4.2
1990～1995	秋田県 5.12	神奈川県 5.0	岩手県 4.82	青森県 4.8	東京都 4.76
1995～2000	埼玉県 5.3	千葉県 5.2	神奈川県 5.1	大阪府 5.0	北海道 4.6
2000～2005	埼玉県 5.6	大阪府 4.8	千葉県 4.8	神奈川県 4.3	奈良県 4.0
2005～2010	埼玉県 4.9	千葉県 4.2	神奈川県 3.9	奈良県 3.9	大阪府 3.9

資料）総務省（総務庁）『国勢調査』
注）高齢化の速度は高齢化率の年間増加率として算出している

の国勢調査年から1980年までは20年おきに、さらに1990年から2010年までは10年おきにまとめたものである。島根、高知といった西の「フリンジ」はこれまでも現在も上位に位置し続けている。1960年頃まではほぼ山陰と四国でトップ5を占めていたが、1980～2000年には鹿児島が、また1990～2010年には山形、秋田といった東の「フリンジ」がトップ5に登場するようになった。秋田は2010年にはトップに躍り出ている。代わりに、かつては高齢化の上位に入っていた鳥取や徳島が最近ではトップ5に入らなくなったことも注目される。

しかし、高齢化の速度に注目すると、事情はやや異なって現れる。表2－6をみよう。この表は高齢化の進展速度をみるために、高齢化率の増加率の大きい順に上位五つの都道府県を掲示したものである。この表には、すでに早い時期から高齢化がかなり進展していた中四国の各県は登場せず、逆に東日本の「フリンジ」がトップ5の常連としてランクされている。とくに、秋田、青森の両県は1965～1970年以降、1990～1995年まではほぼすべての時期に登場している。ここに前掲の表2－5で2000年に秋田が急激に順位を上げた理由がある。

もう一つ、表2－6で注目される点は、東京、大阪などの大都市圏の都府県が登場していることである。とくに、神奈川、千葉、埼玉の3県はかなり頻繁に登場しており、首都圏への人口流入が非常に小さくなった低成長時代の1975～1980年には東京と神奈川がそれぞれ1位と2位を占めるほどだったし、バブル経済崩壊後の長期不況時代にあたる1990～1995年には神奈川が2位、東京が5位になっている。こうした大都市圏の高齢化速度がほかの地域よりも高いという傾向は、1990年代を境目にして顕著になり、これ以降はほぼ首都圏か近畿圏の都府県しかトップ5には入らなくなった。長らく続いた大都市圏の高齢化率の低さは、地方圏からの若年層の流入に依存する脆弱な基盤の上に成立していたのである。

大都市圏では、高度経済成長の初期に大量に作られた郊外型大規模ニュータウンをはじめとして、人口構造の更新が進まずに高齢者数の増加が進展している。2035年には高齢者の50％強が三大都市圏に住むと予測されており、都市問題は同時に高齢社会問題でもあるという時代を迎えている。若者が集中しているようにみえる東京圏でさえ、合計特殊出生率はわずかに1・0という低水準にある

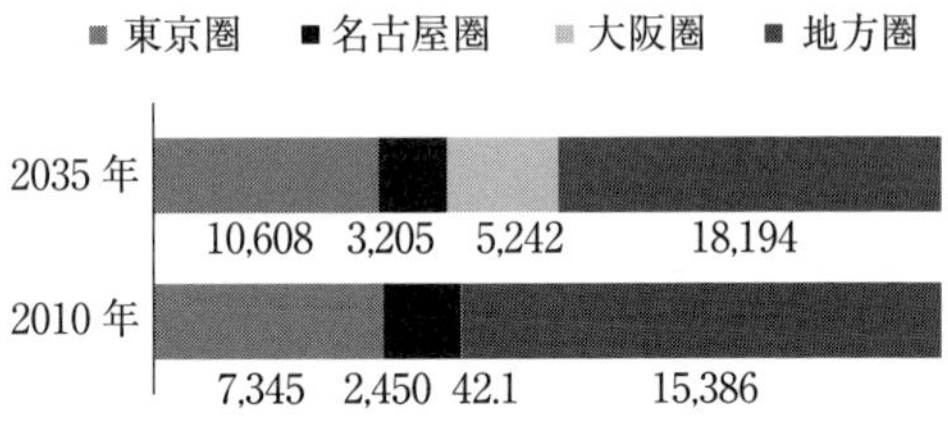

図2－3 65歳以上人口の圏域別分布
（単位：1,000人）

資料）国立社会保障・人口問題研究所「日本の都道府県別将来推計人口」（2007年5月推計）より作成
注）2010年の全国老齢人口は2,941万人、2035年は3,725万人と推定されている

し、また全国の3割を占める出産適齢期の女性1万人あたりの年間出生者数は全国平均よりも若干少ない。このように人口再生産能力はたいへん低いのに、高齢者の数は著しく増えていく（図2－3）。この結果、高齢者福祉施設やサービスの不足、経済活力の低下などの諸問題が東京圏でこそ深刻化する可能性が高い。いまや、「老いる都市」の深刻さが次第に表面化しつつある。

　ここで、高齢化の速度に関する地域分布が転換した1990年に注目してみよう。図2－4は、市町村の人口階級別に年少人口と老年人口の対人口割合を示したものである。この図からわかるように、老年人口比率は50万～100万がもっとも低くなり、30万～50万、10万～20万の順に高くなって、100万以上、20万～30万、5万～10万と続いている。つまり、人口階級別の両端で老年人口比率が高くなる傾向があり、微弱ながらもU字形の曲線を描く。もっともその形は、右端（人口階級の小さい市町村）が極端に上がって著しく非対称となっている。年少人口は逆に、真ん中の高い逆U字形となっており、老年人口比率よりも対称形に近い。つまり、人口規模からみる限り、中規模の都市がもっとも安定的な人口構造を持っているのである。

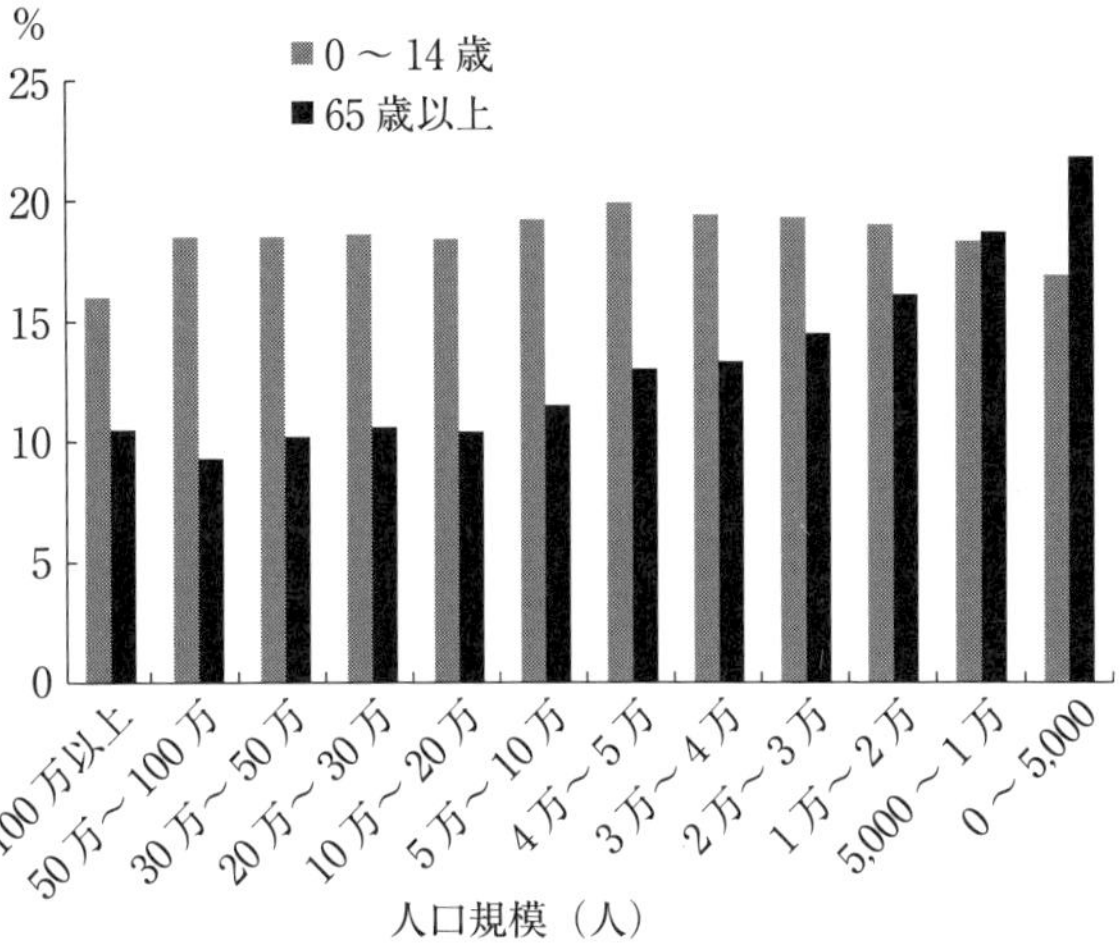

図2-4　人口規模別にみた市町村の年少人口と老齢人口の割合

資料）総務庁『1990年国勢調査』による

人口階級が小さいほど高齢化が進んでいるということは、過疎化・高齢化とセットで捉えられることの多い状況の表象である。高度経済成長、安定成長、バブル経済を経て、高齢化率と若年者比率（15～29歳）がどのように変化したのかを、表2－7によって確認してみよう。この表によると、１９６０年時点における過疎地域平均の高齢化率は全国平均とさほど大きな差があったわけではなかったが、１９９０年には2倍近くまで伸びてしまった。過疎地域ではいずれの地区も高齢化の進展速度が速く、高齢化率は同期間に3倍程度以上になっているし、１９６０年には全国平均よりも低かった北海道が4倍以上になっている。総じて１９９０年までの30年間に、高齢化率と若年者比率が見事に逆転した。こ

表2-7　過疎地域の高齢化率と若年者比率

（単位：%）

	高齢化率		若年者比率	
	1960年	1990年	1960年	1990年
北海道	4.3	17.2	25.4	15.6
東北	6.1	19.5	21.6	13.6
関東	7.8	21.9	19.7	14.6
東海	7.8	21.6	20.5	13.2
北陸	8.2	21.2	18.5	13.3
近畿	8.6	22.6	19.7	13.8
中国	9.0	24.1	19.6	12.5
四国	8.6	22.3	19.5	12.5
九州	6.8	20.2	20.0	13.6
沖縄	7.5	20.1	15.8	13.5
過疎地域平均	6.9	20.6	21.0	13.7
全国平均	5.7	12.0	27.6	21.7

資料）嵯峨座晴夫『人口高齢化と高齢者』大蔵省印刷局、1997年

注）若年者比率は全人口に対する15～29歳人口の比率

うして過疎地域では、人口再生産が危機的状況に陥っており、また地域内での高齢者扶養負担が難しくなっている。

次に、高齢化と家族構造とのかかわりを整理しておくこととしたい。

まず65歳以上親族のいる世帯の家族類型を検討しよう。日本の伝統的な家族観によると、高齢者は男女ともに「いえ」のなかで隠然たる勢力を持ち、また扶養・介護されるのが当然とみなされていた。法的には「いえ」制度が廃止されたあとでも、「いえ」意識がなお厳然と働いている場面に出会うことは珍しくなかった。のみならず、民法には親に対する子どもの経済的扶養義務が成文化されている。(10) そうした状況下では、高齢者を含む直系3世代世帯が長らく支配的な家族形態であった。厚生省の資料によると（図2－5）、1980年時点までは65歳以上親族のいる世帯の半分までが3世代世帯だった。それが、1995年までのわずか15年間に3世代世帯は33%にまで減少してしまった。代わりに急増しているのが夫婦世帯および単独世帯である。とくに単独世帯は

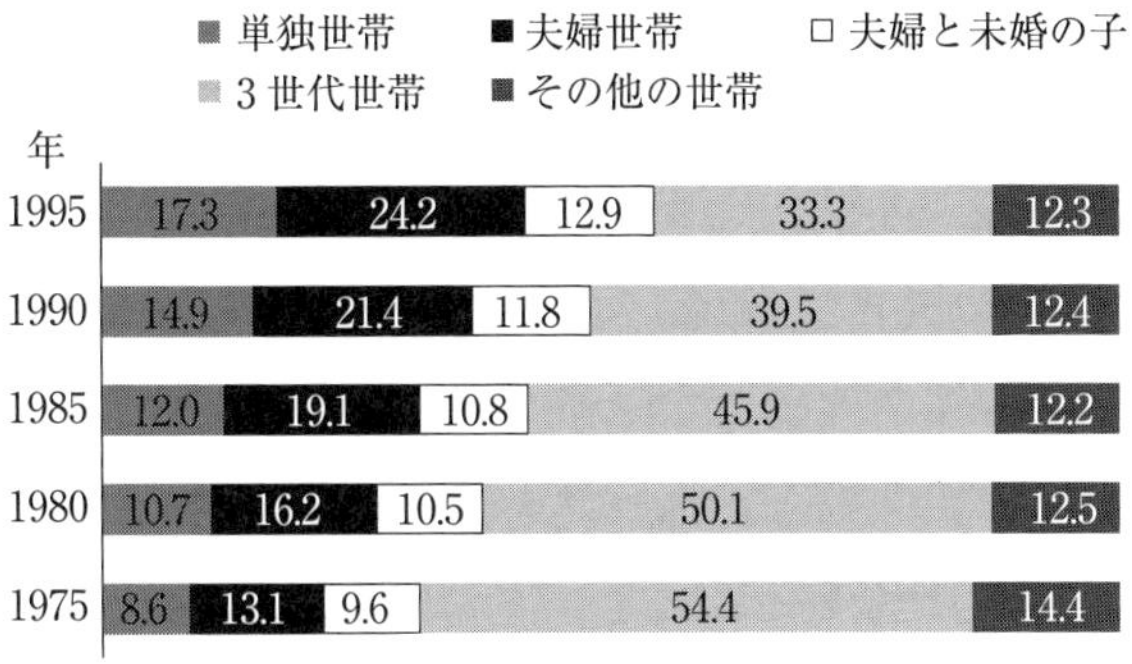

図2−5　65歳以上親族のいる世帯の家族類型

（単位：％）

資料）厚生省老人保険福祉局『老人の保険医療と福祉』長寿社会開発センター、1996年

表2−8　高齢世帯の家族類型

（単位：1,000世帯）

年	総数	夫婦のみ	親と子ども	単独世帯	その他
1970	2,804	566	565	432	1,241
1980	4,330	1,245	798	885	1,403
1990	6,576	2,129	1,156	1,623	1,667
1995	8,612	2,990	1,587	2,207	1,828
2000	10,757	3,876	2,130	2,908	1,843
2005	12,688	4,609	2,657	3,677	1,745
2010	14,785	5,301	3,205	4,628	1,651

資料）嵯峨座晴夫『人口高齢化と高齢者』大蔵省印刷局、1997年

注）世帯主が65歳以上の一般世帯についての数字

１９７５年から１９９５年の間に倍増した。いまや、高齢夫婦世帯と高齢単独世帯で40％を上回り、過半数に迫る勢いである。

厚生省人口問題研究所は１９９０年代後半に、世帯主が65歳以上の一般世帯（以下、高齢世帯とする）に

表 2-9　高齢者の家族類型（一般世帯）　（単位：1,000 人）

年	一般世帯総計	親族世帯				非親族世帯	単独世帯
		合計	子らと同居	夫婦のみ	その他		
1980	10,242	9,350	7,005	1,923	422	11	881
1985	11,924	10,732	7,686	2,565	482	11	1,181
1990	14,233	12,600	8,455	3,500	555	10	1,623
1995	17,498	15,271	9,424	5,069	778	24	2,202

資料）嵯峨座晴夫『人口高齢化と高齢者』大蔵省印刷局、1997 年

ついて家族類型別の将来的な推移を公表した（表2－8）。それによると、1970年に280万4000世帯だった高齢世帯は、1995年に861万2000世帯へと3倍に増えたが、2000年には1000万世帯台に突入して、さらに2010年には1500万世帯に迫るものと予測されていた。1970年には、直系3世代世帯が中心であるその他が44％を占めていたが、1995年には21％へと半減し、2010年には11％へと低下するとされた。その半減速度は、25年から15年へと早まっている。これに対し、もっとも急速な伸びが予測されているのは単独世帯である。1970年に15％だった単独世帯は、2010年に31％へと倍増するものと見込まれていた。もとより、一番多いのは夫婦のみの世帯であり、1970年に20％であったが、2010年には36％へと増加する。しかし高齢の夫婦のみ世帯は、その多くが早晩単独世帯に転ずるものと見込まれるので、このことも単独世帯の増加に結びつく要因の一つである。

最後に、分析レベルを高齢者個人に移して、高齢者がどのような家族形態に属するのかを国勢調査に基づいて検討しよう。表2－9のように、一般世帯に属する高齢者は、1980年から1995年にかけ

て１０２４万人から１７５０万人へと70％あまり増加した。そのうち、子どもたちと同居している高齢者は、同期間に35％の伸びをみせたが、夫婦のみ世帯の高齢者は１６４％、単独世帯の高齢者は１５０％の伸び率で、子どもたちと同居する高齢者の伸び率をはるかにしのいだ。この結果、子どもらと同居している高齢者の比率は68％から54％へと半数を割りかねないところまできている。要するに、「幸運」にも子どもたちと同居できる高齢者は２人に１人という状況になったのである。ただ、子どもとの同居率は、年齢があがるにつれて高くなる傾向があり、85歳以上の老年期高齢者では男で64％、女で73％となっている（１９９０年）。

以上の検討をふまえると、介護が必要な状態になったときに、それを実際に子ども世帯が引き受けるかどうかは別にして、家族構造からみる限り、かつてのような家族内での扶養義務感はかなり希薄になっているのではないかと推測される。このことは、巷間で一般に指摘されていることであるが、それ以上に急速に、まさに雪崩を打つかのように高齢夫婦世帯・単独世帯化が進展しているといえよう。

4　高齢社会を先取りする農村

しばしば指摘されてきたように、農村は日本社会全体の高齢化よりも15～20年程度先行している。といっても、統計的に正確な農村人口を把握することはできないので、便宜的な手法によって推計が

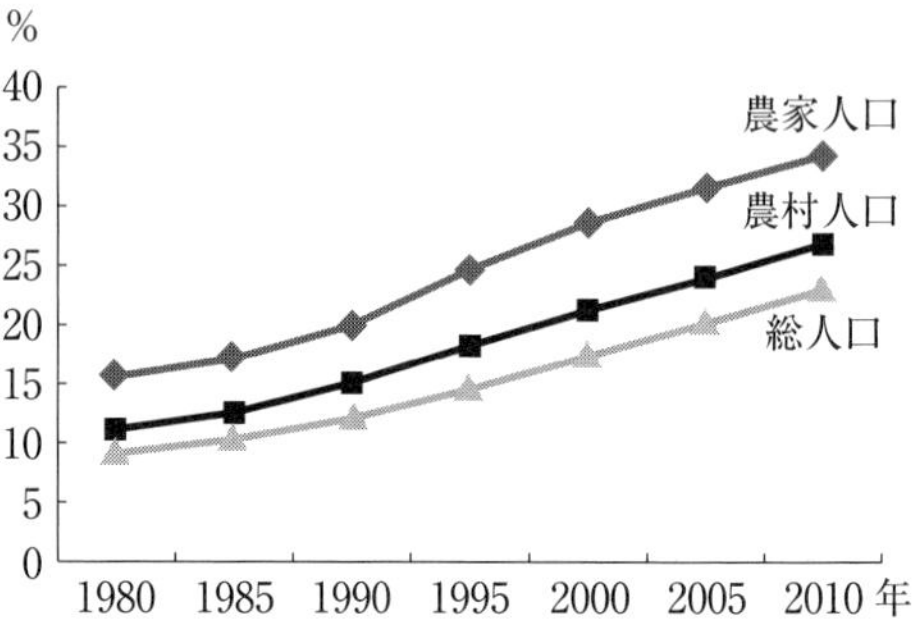

図2−6　農家・農村の高齢化と日本社会の高齢化

資料）農家人口は農林水産省「農林業センサス累年統計」、農村人口と総人口は総務省（総務庁）『国勢調査』各年次より作成

注1）非DID（非・人口集中地区）人口を農村人口として利用

2）2000年までの農家世帯員は総農家、2005年と2010年は販売農家の数値。1980年と1985年以降は農家の定義が異なる

試みられてきた。たとえば、人口規模が小さい市町村を農村として捉えたり、市部と郡部の区別を用いたり、あるいは人口の稠密度に着目したＤＩＤ（人口集中地区）の指標を使うこともある。図２−６は、そのうちの非ＤＩＤ人口を農村人口として捉えて作ったものである。この図には農家人口、農村人口（非ＤＩＤ人口）、国勢調査ベースの総人口に占める65歳以上の人口比率の推移を示してある[11]。この図から明らかなように、日本社会全体よりも農村人口の高齢化が先行しており、さらにそれを上回るかたちで農家人口の高齢化が進展している。

農村人口と総人口の高齢者率を比べると、後者が前者の同一水準の数値に達するのにおよそ5年から10年程度かかっているが、農家人口の場合にはこれよりも長い15年から20年程度のタイム・ラグがある。たとえば、農家人口の高齢化率は１９８０年に15％を超えたが、総人口のそれがこの水準に達したのは１９９５年から２０００年のあいだだったし、20％になったのは２００５年で、１９９０年に20%を記録した農家人口の場合よりも15年後のことだった。

この図にはもう一つ、注意すべき点がある。それは、農家人口と農村人口の高齢者率、および農家人口と総人口の高齢者率との差が1980年代、1990年代よりも2000年代の方が大きくなっていることである。前者は、農家率の低下にともなって、農家の高齢化＝農村の高齢化と即時的にはいえなくなっていることを反映しているし、後者は農家（販売農家）の高齢化速度が日本全体の動きよりもペースアップしたことを示している。後者については、販売農家における人口の再生産能力がかなり低下していることをうかがわせるが、そのことは、第3節で述べたように本格的な高齢社会あるいは独居老人社会に突入している日本社会にとってもこれから直面せざるをえない課題である。

いうまでもなく、農村と農業の高齢化にも地域性がある。ここでは、農家人口の高齢化を取り上げてみよう。表2-10によると、とくに、1980年代には中四国地方を中心に農家人口の高齢化が進んだ。中国山地に立地する農山村でよくみられた「挙家離村」による過疎化と後継者世代の流出が同時に進んだことで、過疎・高齢化の先進地帯が形成されたのである。この頃は、東北や北陸ではまだ3世代家族がかなり分厚く存在していたので、高齢化率は相対的に低い水準を維持していた。ところが、1990年代後半から2000年代になると、東北や北陸でも山陰や四国と匹敵するレベルにまで急速に高齢化が進んだ。また、1980年代には中四国地方よりも高齢化率の低かった南九州でも高齢化の速度が増して、2010年には41・2%とトップになってしまった。高齢化率の高いところは、いずれも人口減少に直面している地域でもある。つまり、農村の高齢化問題は同時に過疎問題で

表2-10　農家世帯員高齢化の地域差　（単位：%）

区分＼年度	1980	1985	1990	1995	2000	2005	2010
全国	15.6	17.1	20.0	24.7	28.6	31.6	34.3
北海道	14.7	17.3	20.5	25.1	29.4	30.9	32.0
東北	13.9	15.6	18.5	23.2	27.4	30.5	32.7
北陸	15.2	16.7	19.3	23.5	27.2	29.9	32.3
北関東	14.7	16.1	19.1	24.0	27.7	30.5	32.7
南関東	15.0	16.8	19.7	24.3	27.8	30.9	33.6
東山	16.8	18.8	22.1	26.9	30.1	33.2	36.9
東海	15.6	16.9	19.1	23.4	26.8	29.8	32.9
近畿	16.1	17.3	19.7	24.0	27.3	30.3	33.5
山陰	17.1	18.5	21.7	26.4	30.4	33.0	35.2
山陽	18.9	20.5	23.7	29.0	33.1	36.5	40.0
四国	17.2	18.8	22.0	27.5	31.9	35.0	38.2
北九州	15.3	16.6	19.2	23.8	28.3	31.6	34.7
南九州	16.4	18.2	21.7	27.9	34.2	38.7	41.2
沖縄	12.8	15.5	19.6	25.1	31.1	35.8	37.4

資料）農林水産省「農林業センサス累年統計」

もある。先に述べた人口規模別市町村の高齢化状況を念頭に置けば、「孤独」な老人は過疎地と大都市に多いといえる。

過疎が極端に進んだ地域では、住人のいない家々のなかにぽつりぽつりと一人暮らしの高齢者が住み、JAなどの移動購買車がたまに回ってくるときだけ家から出てきて最低限の消耗品を買い、買い物がすむと家に戻ってまたテレビを見続けるといった「引きこもり」や「テレビ漬け症候群」が見受けられる。そうした状況はむろん自ら望んだものではなく、地域社会を営むうえで必要な機能が村のなかでも村の外でも欠けていってしまったからにほかならない。その意味では、間接的な社会経済的排除による孤立状況として捉えるべきだろう。とはいえ、過疎地域ならどこでもそうした絶望的状況にあるわけではない。たとえば、80歳代の女性が5人だけ住んでいる京都府綾部市の古屋集落のように、この5人が力を合わせてトチ餅などの特産品開発と販売に取り組み、「少し忙しすぎるけど、今が一番幸せです」とテレビのインタビューに答えるほど充実した暮らしを営んでいる例もある(12)。つまり、農村ではつながりの力をうまく活かせば、ウェルビーイングを高めるための主体的福祉力を発揮することが可能なのである。それに対して、匿名性や個別性の高い都市高齢者の場合には、そうしたつながりの力を期待しにくいという点で、社会的排除と孤立の問題がより深刻に立ち現れる(13)。かといって、新しい社会的セーフティネットをつくることはそれほど容易ではない。だから、「孤独」な老人は過疎地と大都市に多いといっても、それに対処しうる可能性の面ではだいぶ違いがあるといえそうである。

農家、農村の高齢化よりも、さらに先行しているのが農業の高齢化である。たとえば、1990年から2010年の20年間を取り上げてみよう。この期間における農家人口の高齢化率は20・0%から34・3%へ増大した。他方、農業就業人口に占める65歳以上の者の割合は、1990年に33・1%だったが、2010年には2倍弱の61・6%にも達した。基幹的農業従事者ではさらに変化が大きく、同期間に21・8%から61・1%へと3倍弱の増加率を記録した(14)。

図2−7は、農業就業人口の年齢構成の推移を1980年から10年ごとに整理したものである。農業就業人口がこの20年間に大きく減少しているので、グラフの高さは全体として下方にシフトしてきている。グラフの形状をみると、1980年時点では50歳代に農業就業人口の大きなピークがあった

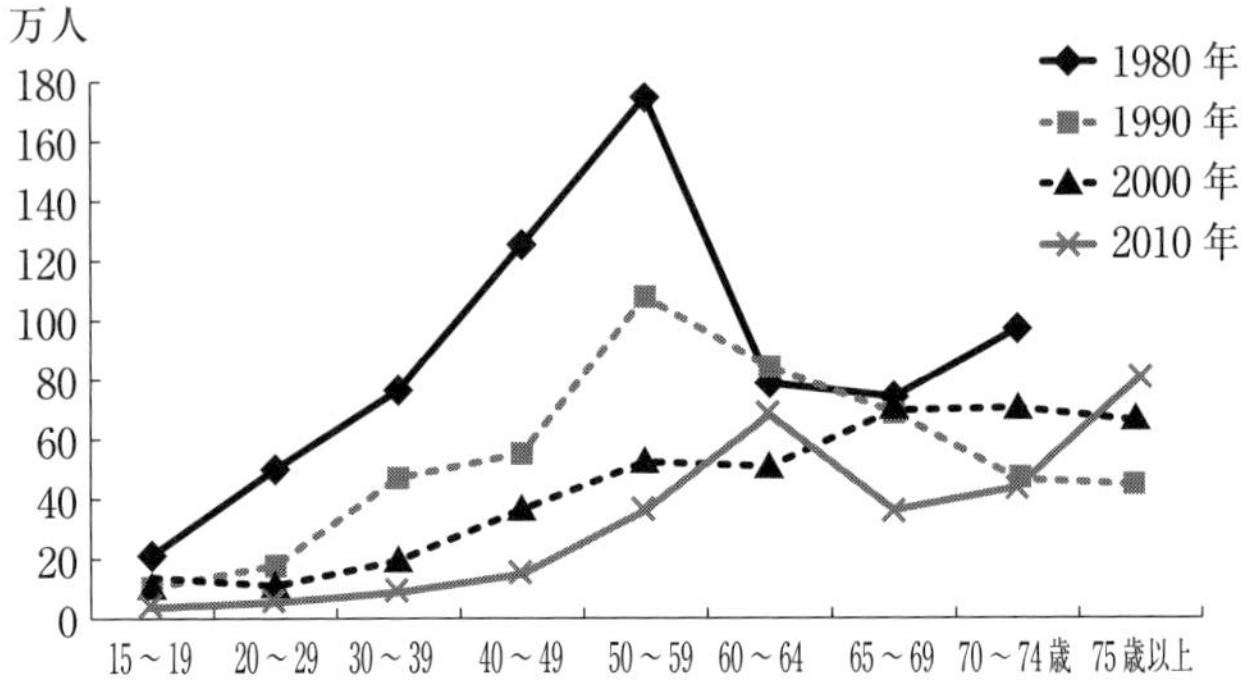

図2-7　農業就業人口の高齢化

資料）農林水産省「農林業センサス累年統計」
注）1980年は総農家、1990年以降は販売農家。農家の定義も1985年に変更されているので、連続性が欠けている。なお、1980年には15歳を含まない

が、1990年にピークの高さがだいぶ低下したあと、2000年には65歳以上へ、2010年にはなんと75歳以上へと移行している。2000年以降は農業就業人口のグラフは緩やかな右上がりとなり、60歳以上で横ばいになるか一番右端で再度増加する形になって、年齢の高い層への集中傾向がいっそう顕著になっている。

　こうした農業における就業構造の変化は、農業就業人口と農業専従者の平均年齢を示した表2-11をみると一目瞭然である。農業就業人口の平均年齢は、全国で1995年の59・1歳から2010年に65・8歳へと6歳以上の伸びを示したが、農業専従者も同期間に57・5歳から63・7歳へと6歳以上と同様の大きな伸びをみせた。1995年時点では総じて中四国、北陸の平均年齢が高かったが、2010年には全国的に平均年齢が高くなって地域差が縮小してきている。このことは、平均年齢が60歳を超え

表２−11　農業就業人口と農業専従者の平均年齢（単位：歳）

区分＼年度	1995		2000		2005		2010	
	農業就業人口	農業専従者	農業就業人口	農業専従者	農業就業人口	農業専従者	農業就業人口	農業専従者
全国	59.1	57.5	61.1	60.3	63.2	62.3	65.8	63.7
北海道	52.6	50.4	54.3	52.4	55.8	54.0	56.8	55.1
東北	58.6	56.0	60.8	59.2	63.0	61.8	65.4	63.2
北陸	60.9	58.5	62.0	61.4	64.2	63.8	67.3	64.9
北関東	59.3	56.9	61.5	59.7	63.5	61.7	65.5	63.2
南関東	58.9	57.6	60.8	60.2	62.8	62.1	65.2	63.6
東山	60.1	61.1	61.8	63.7	64.2	65.6	67.1	66.9
東海	59.5	59.1	61.7	61.9	63.8	63.8	67.1	65.3
近畿	59.2	59.4	60.8	62.2	63.3	64.1	66.8	65.5
山陰	62.8	62.4	64.6	65.0	66.5	66.9	69.2	68.0
山陽	62.8	63.9	64.5	66.3	66.6	67.8	70.2	68.8
四国	60.1	59.3	62.0	61.7	64.3	63.6	66.6	65.0
北九州	57.4	55.3	59.6	58.1	62.0	60.3	64.4	61.9
南九州	58.5	57.5	60.6	59.9	62.7	61.7	64.6	62.8
沖縄	58.3	59.0	60.1	60.8	62.0	62.2	64.2	63.1
平均年齢60歳以上の都道府県の数	17	14	35	32	46	45	46	46
平均年齢トップの都道府県	島根県 63.4	広島県 64.6	広島県 64.7	広島県 66.7	広島県 66.8	広島県 68.1	広島県 70.4	広島県 69.1

資料）農林水産省「農林業センサス累年統計」
注）農業専従者は自営農業従事日数が150日以上の者

ている都道府県の数の推移をみても了解される。1995年時点では農業就業人口も専従者も、平均年齢が60歳を超える都道府県は半分以下だったが、2000年に過半を超え、2005年からはほぼすべての都道府県が60歳以上となっている。そのなかで唯一、50歳代を保っているのは北海道だけである。他方、平均年齢が一番高いのは広島県で、2010年における農業就業人口の平均年齢は70・4歳だった。

農業における高齢化の進展は、ネガティブな論調で捉えられることが多い。[15] 労働生産性向上のための規模拡大に高い優先度を置く構造政策の視点から分析する傾向が強いからである。もちろん、高齢になると身体的にはいろいろな制約が生じてくるから、青壮年と同様にばりばり仕事をこなすことは難しいかもしれない。しかし身体的不利は機械や施設によって代替が可能であり、むしろ蓄積された経験や知恵、あるいはネットワークを活かすことによって高い経営成果をあげることは可能である。それにもかかわらず、たとえば65歳以上の人がいくら地域農業のリーダーとして活躍し、すばらしい経営成果をあげていても統計上は「生産年齢人口」としては捉えられない。この例のように、高齢化は生産力の弱体化要因と捉えられることが多い。

そこまでいかなくても、集落営農を実質的に担っていたり、農産加工のリーダーとして第一線で活躍したりする、「元気」な高齢者は男女を問わずたくさん存在する。それだけではなく、現に大きな成果をあげている退職者農業も生まれている。埼玉県加須市では、「定年退職者学頭営農組合」が1984年以降、地域に根づいた作業受託事業を広範に行なっている。[16] 中山間地域の例としては、徳島県旧山川町の西川田稲作機械共同利用組合を例にあげることができる。同組合は、退職者が集まってつくったもので、地域の稲作を維持存続させるうえで不可欠の存在となっている。このように、退職者農業は、けっして不可能ではない。

本書ではこうした高齢者農業について十分検討することはできないけれども、福祉の観点から再評価すべき内容を多々含んでいることだけを指摘しておきたい。

注

（1）もっとも、救貧法の実際の内容は貧民の取り締まりに重点があり、救済策というよりは治安対策法だったといってよい。
（2）井村圭壮・相澤譲治『高齢者福祉史と現状課題』学文社、２０１０年、11～12頁。
（3）この点は、現在の生活保護や社会福祉政策にも受け継がれている。
（4）自由民主党「日本型福祉社会」自由民主党広報委員会出版局、１９７９年。
（5）蟻塚昌克『高齢者福祉開発と協同組合』家の光協会、１１２頁。
（6）仲村優一「社会福祉『改革』の視点」『社会福祉研究』40、１９８７年。
（7）２００４年から「痴呆」は「認知症」に言い換えられることになったが、人間らしさのニュアンスを残したいので、あえて「痴呆さん」と表現している。
（8）三浦文夫編『図説高齢者白書　２００３年度版』全国社会福祉協議会、２００３年、37頁。
（9）「日本経済新聞」（電子版）、２０１３年４月16日更新（最終アクセス日２０１３年４月17日）。

URL：http://www.nikkei.com/news
(10) 生活保護をめぐる議論でも、この点が常に強調されている。
(11) この点は、高橋巌『高齢者と地域農業』家の光協会、2002年、31頁の図1-9を基にしている。
(12) 「座談会　過疎であることの〝豊かさ〟」『農業と経済』昭和堂、2013年1・2月合併号を参照。
(13) 2000年代末頃から都市高齢者の孤立問題に関する優れた研究業績が相次いで刊行されはじめた。たとえば、奥山正司『大都市における高齢者の生活』法政大学出版局、2009年、河合克義『大都市のひとり暮らし高齢者と社会的孤立』法律文化社、2009年、山田知子『大都市高齢者層の貧困・生活問題の創出過程―社会的周縁化の位相―』学術出版会、2010年などを参照。
(14) 数値はいずれも、農林水産省「農林業センサス累年統計」に基づく。
(15) 高橋、前掲注10、第2章に、1990年代までの研究動向および政策動向が整理されているが、その多くは高齢化を否定的な文脈で把握している。
(16) 農文協『自然と人間を結ぶ』1993年7月号を参照。

第3章　平地農村の高齢者介護意識

——鳥取県旧東伯町を対象に

第2章では、マクロ・レベルからみた高齢化の進展とそこから生じる諸問題、高齢化を先取りしている農村の様相を述べてきた。この章では、平地農村で農業生産が盛んな鳥取県の旧東伯町（2004年に赤碕町と合併して現在は琴浦町）において1997年と2012年に実施した農家対象のアンケート調査と同町に立地している社会福祉施設（ケアハウス）に焦点をあてて、地域レベルでの分析を行なう。

1997年のアンケート調査の配布と回収はJAとうはく（2007年にJA鳥取中央と合併）の協力を得た。配布依頼数は350部で、回収数は264部（回収率75％）だった。2012年のアンケート調査はJA鳥取中央の協力を得て組合員に配布してもらい、回答者が直接郵送する方式で行なった。配布依頼数は360部で、回収数は94部（回収率26％）だった。調査票はいずれもY地区を中心に配布してもらったが、完全に同一の地区とはいえない。調査票は若干の追加項目を除くと同一の様式のものを用いた。

1 旧東伯町の地域特性と高齢化の状況

鳥取県は島根県や高知県ほどではないが、それに次ぐ有数の高齢化県である。国勢調査による人口ベースでみると、図3－1のようにとくに1980年代半ばから2000年までのあいだに高齢化が進んだ。1980年の高齢化率は12・3％、1985年のそれは13・7％だったが、1990年16・2％、1995年19・3％と急伸し、2000年にはついに22・0％と20％を大きく超えた。その後、2005年24・1％、2010年26・3％と伸び率がやや小さくなったとはいえ、30％台に近づきそうな勢いが続いている。

旧東伯町は平地農村で、後述するように1980年代・1990年代には農業生産がかなり盛んだっただけでなく、社会文化活動にも力を入れていたことで知られている。それにもかかわらず、旧東伯町では鳥取県平均を上回る速度で高齢化が進んだ。1980年では鳥取県の12・3％とさほど変わらない13・9％だったが、1985年15・3％、1990年18・2％と県を上回るペースで高齢化が進んだ。さらに、1990年代には1995年22・4％、2000年26・1％へと増加率が大きくなった。その後も確実に高齢化が進み、2010年にはついに30％を超えている。

図3－1で、もう一つ注目すべきは旧東伯町における女性の高齢化が進んでいることである。そのこと

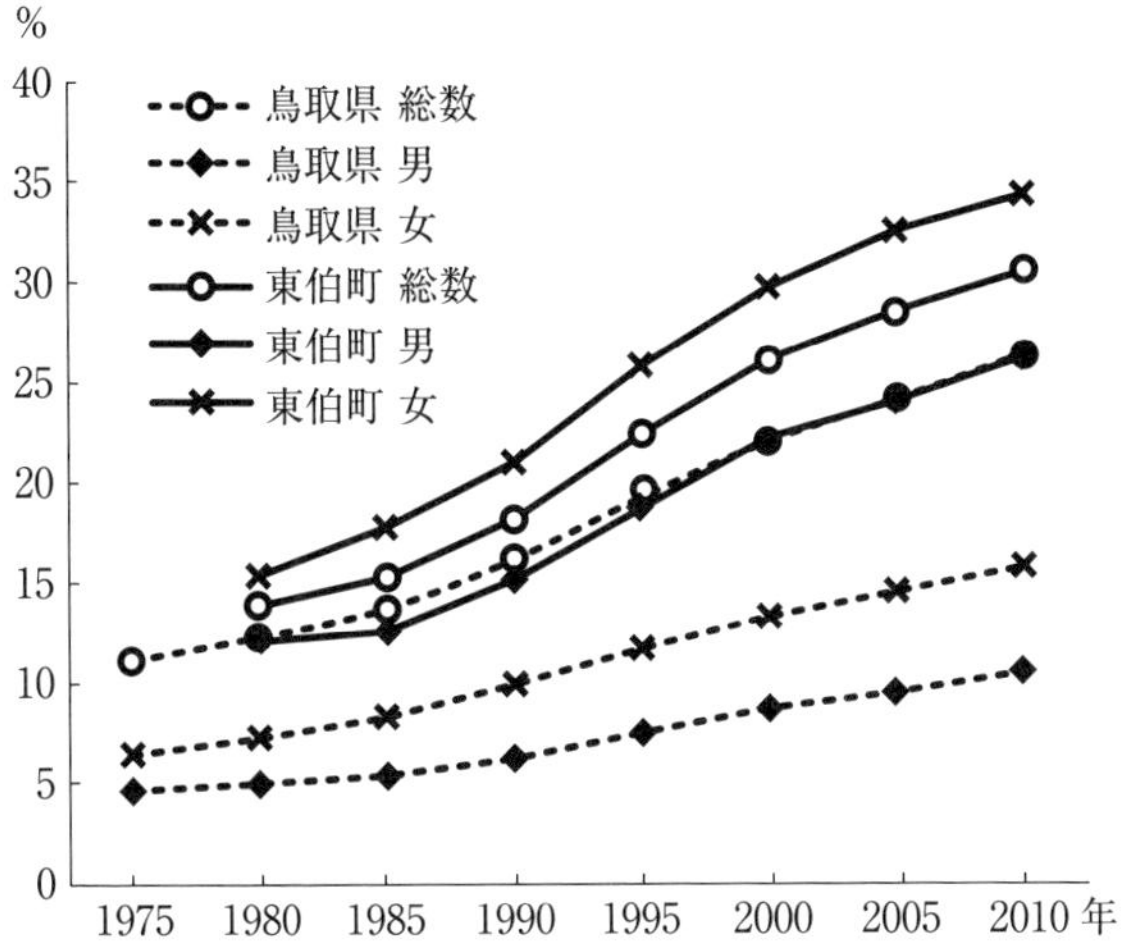

図３-１　鳥取県と旧東伯町における高齢化率

資料）総務省（総務庁）『国勢調査』各年次

が、県と比べて高齢化率がたいへん高いことの一因になっている。旧東伯町における女性の高齢化率は、１９８０年時点でも鳥取県の２倍にあたる15・4％に達していたが、１９９０年代にさらに急増して２０００年に29・7％と３割に迫り、２０１０年には34・3％へと１９８０年の２倍に達した。この数字は、鳥取県の15・8％を大きく上回っている。

ところで旧東伯町では、かつてＪＡとうはくが中心になって農業生産ばかりか関連加工産業を含む地域経済の複合化や、さらには地域文化や地域福祉に至るまで幅広い事業に取り組み、独特の地域形成が行なわれてきた。その結果、県下でもトップ・クラスの農業粗生産額をあげる地帯となったし、また高い水準の文化活動を楽しむことができるようになった。にもかかわらず、高齢化の進展が急激だったため、ＪＡとうはかなり早い時期に、農協出資によるケアハウスなどの高齢者福祉事業を運営するという全国でも希有の取り組みを行なってきた。

以上のような理由で、旧東伯町を調査地として選定した。ここでもう少し、旧東伯町の農業の様子を述べておくことにしよう。

旧東伯町は、大山の山麓台地から日本海に向かって広がっている。日本海に面した北部地域を除くと、やや傾斜がきついが、それでも総面積約82・2㎢のうち林野は46・4㎢、耕地21・1㎢で割合に耕地面積が広い。そのうち田は半分以下の10・4㎢に過ぎず、畑6・9㎢、樹園地3・3㎢と園芸部門の土地利用に特徴がある。年平均気温は摂氏15度とさほど冷涼ではないが、年間降水量は2000㎜でそのかなりの部分を冬期積雪が占める。このため、土地利用率は低くならざるをえない。

1985年の総世帯数は3357戸、うち農家が1558戸（専業164戸、第一種兼業512戸）と半数近くの46％を占めた。その後の動きは、世帯数が1995年3438戸、2000年3506戸、2005年3566戸、2010年3475戸、農家数が同じく1332戸、1032戸、902戸、794戸[1]、農家率が38・7％、28・9％、25・3％、22・8％となっていて、いまでは農家が全世帯の4分の1以下にまで減少している。

農業粗生産額および生産農業所得は、表3－1と表3－2のように推移している。[2]なお、旧東伯町分がわかるのは2003年までであるが、参考のために合併後の琴浦町分を表示しておいた。旧東伯町が琴浦町分のかなりの部分を占めているからである。農業粗生産額は1985年から1995年に

表3-1　旧東伯町における農業粗生産額と特化係数

	粗生産額（1,000万円）				特化係数			
	1985年	1995年	2003年	2006年*	1985年	1995年	2003年	2006年*
粗生産額計	1,043	952	714	963	−	−	−	−
耕種計	458	491	258	386	0.63	0.69	0.5	0.57
米	83	75	61	87	0.25	0.27	0.32	0.39
野菜	80	65	56	120	0.45	0.30	0.33	0.52
果実	186	180	71	110	2.38	2.17	1.23	1.34
花卉	85	153	56	51	4.08	3.74	1.63	1.13
畜産計	585	461	456	578	1.94	1.95	2.43	2.04
肉用牛	41	75	67	97	0.92	1.75	2.09	1.80
乳用牛	112	110	113	190	1.34	1.52	1.76	2.14
豚	104	49	70	95	1.26	1.01	1.85	1.67
鶏	327	227	206	196	3.78	3.41	4.24	2.51

資料）農林水産省統計情報部『生産農業所得統計』各年次
注）*2006年は琴浦町

表3-2　生産農業所得の変化

	1985年	1995年	2003年	2006年*
生産農業所得	255	329	181	248
農家1戸あたり	1,634	2,470	1,438	1,269
耕地10aあたり	122	159	91	85
農業専従者1人あたり	1,050	1,673	1,078	−

資料：農林水産省統計情報部『生産農業所得統計』各年次
注1）生産農業所得の単位は1,000万円、その他の単位は1,000円
2）*2006年は琴浦町
3）2006年から農業専従者1人あたりの生産農業所得は推定されていない

かけて減少したが、逆に生産農業所得は25億5000万円から32億9000万円へと大幅な伸びを記録した。この伸びは花卉と肉用牛が倍近くに増えたからである。ところが、2003年には農業粗生産額も生産農業所得も大きく減少してしまったし、農家1戸あたり、耕地10aあたりの生産農業所得も1995年をピークに6割程度にまで激減した。旧東伯町の農業は長らく、養鶏、乳用牛、肉豚などの施設型畜産を主軸に展開してきたが、貿易自由化の影響もあって畜産の停滞傾向が目立ちはじめている。また、耕種部門の中心を占めてきた果樹と花卉の落ち込みも著しい。しかし、金額ベースの対全国特化係数をみる限り、養鶏、乳用牛、肉用牛の畜産部門と、花卉類、ナシを中心とする果実が旧東伯町農業の屋台骨であることに変わりはない。全般的には旧東伯町の農業はかつての勢いを欠いているようにみえるが、2010年農業センサスによると、農産物販売のある742経営体のうち、約1割に相当する74経営体が1000万円以上の販売金額をあげている点が注目される。

こうした農業の構成は、JAとうはくの営農方針を反映していた。JAとうはくは各種の畜産関連加工施設を整備したほか、バイオテクノロジー研究所を用意して分割卵移植による優良黒毛和種の育成や、いちご、野菜・果樹類のウィルス・フリー苗の供給にまで取り組んでいた。

JAとうはくはさらに、農業以外の分野でも重要な役割を果たした。とくに、1985年に農業団地センターを建設し、そのなかのカウベルホールを中心に、各種の文化・研修活動、あるいは定期的な音楽祭を開いてきた。そのうえ、1980年末頃から高齢者の社会福祉活動にも手を広げ（詳細は本章第5節で述べる）、ケアハウスを開設したのである。さらに、1994年には特別養護老人ホーム

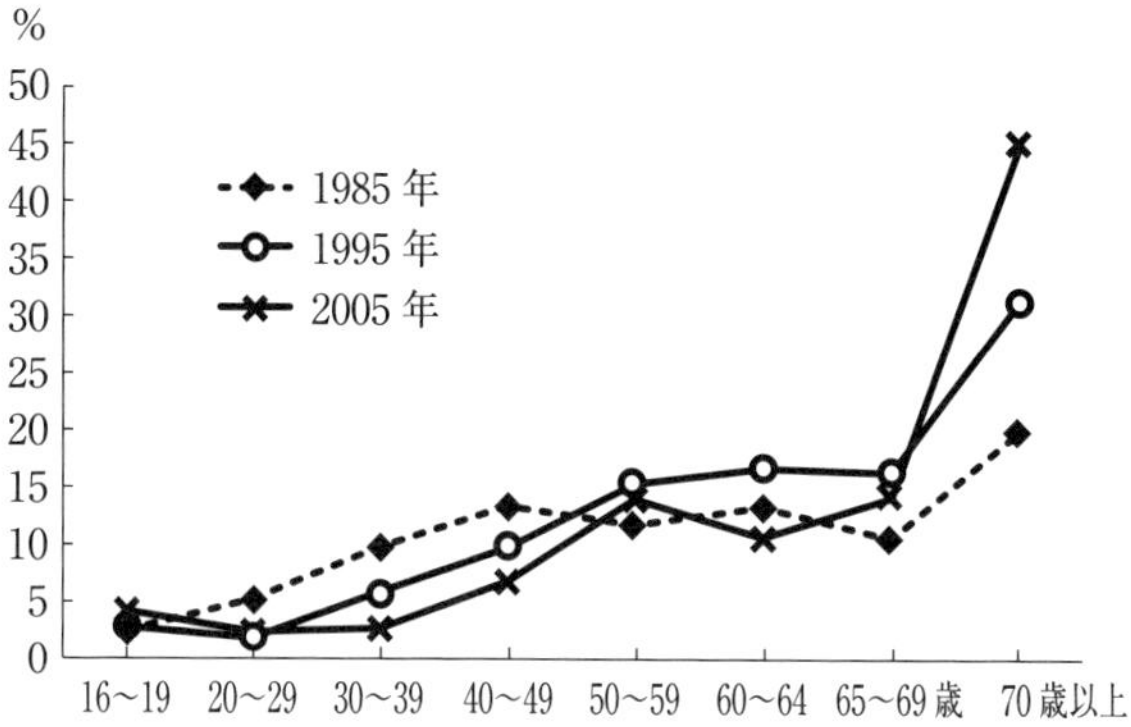

図３-２　農業就業者の高齢化

資料）農林水産省「農業センサス」

も併設した(3)。その背景には、すでに述べたように地域全体としての高齢化が進展してきたことがある。１９８５年には15％を超えて前期高齢化社会に突入し、１９９５年には22・４％と後期高齢化社会の段階に入ったのに、反対に年少人口比率が同期間に21・１％から17・０％へと大きく低下し、高齢化の速度がいっそう増すものと予測されたからである。

　ところが、農業における高齢化はそれ以上に進んでおり、ＪＡとしても対応策を考えざるをえなかったのである。年齢別農業就業者の割合は、図３－２のように、右肩上がりの曲線を描く。１９８５年段階ではまだ40歳代から64歳までが比較的均等に分布していたが、10年後の１９９５年には新規就農者のないまま右上方にシフトしている。さらに２００５年には39歳以下の年齢層がすべて５％以下となったのに、70歳以上が45％と屹立する形に変わった。農業就業者の高齢化率は実に59％にまで達している(4)。

一般に、農業における高齢化の影響は耕作放棄や作業の委託、農地の転用、離農、農業用の水路や道路の維持管理機能の低下などの形態をとって現れる。ここでは耕作放棄や不作付け地に絞っておく。1985年の耕作放棄地は85戸、18ha、不作付け地は田が42戸、9ha、畑が67戸、12haで、合計39ha（経営耕地面積1754haの2・2%）が未利用状態におかれていたことになる。1995年になると、耕作放棄地は101戸、26ha、不作付け地は田が65戸、13ha、畑が121戸、23ha、合計62ha（経営耕地1697haの3・7%）へと増えた。さらに2005年には耕作放棄地が242戸、86ha、不作付け地は田が91経営体、29ha、畑が129戸、41ha、合計156haとなり、実に経営耕地1450haの10・8%にも及んだ。もちろん、このうちのどれだけが高齢化によるものかは推定できないが、かなり影響していることは間違いないだろう。

2　高齢者および要介護高齢者の存在態様と高齢者の生活

(1) 高齢者および要介護高齢者の存在態様

この節では、農家レベルにまで分け入って、その高齢化および要介護者の状況がどのように変わったのか、また高齢者は経済生活をどのように評価しているのかを検討しよう。アンケート回答者の家族中に、65歳以上の高齢者がいる世帯の割合は1997年調査では62%、2012年調査では実に

表3－3　健康状態別の高齢者割合　（単位：%）

		1997年（N：男94、女131、性別不詳10）				2012年（N：男48、女67）			
		健康	普通	弱い	小計	健康	普通	弱い	小計
男	65－69歳	5.8	19.8	5.8	31.4	4.2	14.6	6.3	25.0
	70－74歳	2.3	14.0	5.8	22.1	2.1	14.6	4.2	20.8
	75－79歳	－	14.0	4.7	18.6	2.1	8.3	8.3	18.8
	80歳以上	1.2	15.1	10.5	26.7	0.0	12.5	16.7	29.2
	不明	－	1.2	－	1.2	2.1	4.2	0.0	6.3
	小計	9.3	62.8	26.7	100.0	10.4	54.2	35.4	100.0
女	65－69歳	2.4	16.8	3.2	22.4	0.0	11.9	6.0	17.9
	70－74歳	3.2	20.0	3.2	26.4	1.5	10.4	6.0	17.9
	75－79歳	1.6	15.2	5.6	22.4	0.0	6.0	7.5	13.4
	80歳以上	2.4	13.6	6.4	23.2	3.0	20.9	23.9	47.8
	不明	－	4.0	5.6	5.6	0.0	1.5	1.5	3.0
	小計	9.6	69.6	20.8	100.0	4.5	50.7	44.8	100.0
全体		9.5	67.3	23.2	100.0	7.0	52.2	40.9	100.0

資料）アンケート調査
注1）回答者の世帯に同居している高齢者全員についての割合
2）2012年には性別不詳の高齢者が2人いるが、年齢も不明なため、集計から除外している

83％にものぼった。前の節で述べた国勢調査や農業センサスの高齢化状況よりも、アンケート調査に回答してくれた農家世帯の高齢化はいっそう進展している。

表3－3は、アンケートにあがってきた高齢者の年齢と健康状態を性別に整理したものである。1997年調査では、163世帯に合計で235人の高齢者（1世帯あたり1・44人）が存在していた。年齢別内訳は65～69歳が26・8％、70～74歳24・3％、75～79歳19・6％、80歳以上23・4％、不明6・0％で、前期高齢者も後期高齢者もほぼ等しい水準だった。健康状態については、年齢に

かかわらずおおむね「普通」と答えているが、加齢につれて少し「弱い」が増える傾向にある。2012年調査では、96世帯に合計で115人（1世帯あたり1・20人）が存在していた。1世帯あたりの高齢者の人数はほとんど変わっていなかった。年齢別内訳は65〜69歳が20・9％、70〜74歳19・1％、75〜79歳15・7％、80歳以上40・0％、不明4・3％で、80歳以上が最多年齢層となった。

次に、介護を必要とする高齢者（以下、要介護者）について検討する。1997年調査では、要介護者がいると答えたのは55世帯で、この問いに対する回答者のうちの20・8％に相当する。要介護者のいる世帯の出現率が20％というのはかなり高い水準であるということができよう。2012年調査ではさらに、要介護者のいる世帯が93世帯中の29世帯と31・2％を占めるほどになっている。いまや、3分の1の世帯に介護を受けている人がいることになる。要介護者の合計人数は1997年調査が117人で、要介護者のいる世帯では2人以上のケアをしていたが、2012年調査では27人（有効回答26世帯）で1世帯あたり1人のケアへと変わっている。

回答者からみた要介護者の親族関係については、1997年には祖父が43・6％と図抜けて多く、次に親世代にあたる義母が12・0％、父、母、義父がそれぞれ9・4％で続いた。配偶者は夫が5・1％と妻0・9％で限定的だった。そのほか、少数ながら祖母、義理の祖父、義理の祖母、傍系親族（兄弟姉妹）などが被介護者としてあがってきた。2012年では母が48・1％と過半に迫り、ついで父と義母がそれぞれ11・1％、配偶者（妻）と義父がそれぞれ7・4％となった。そのほか、父、

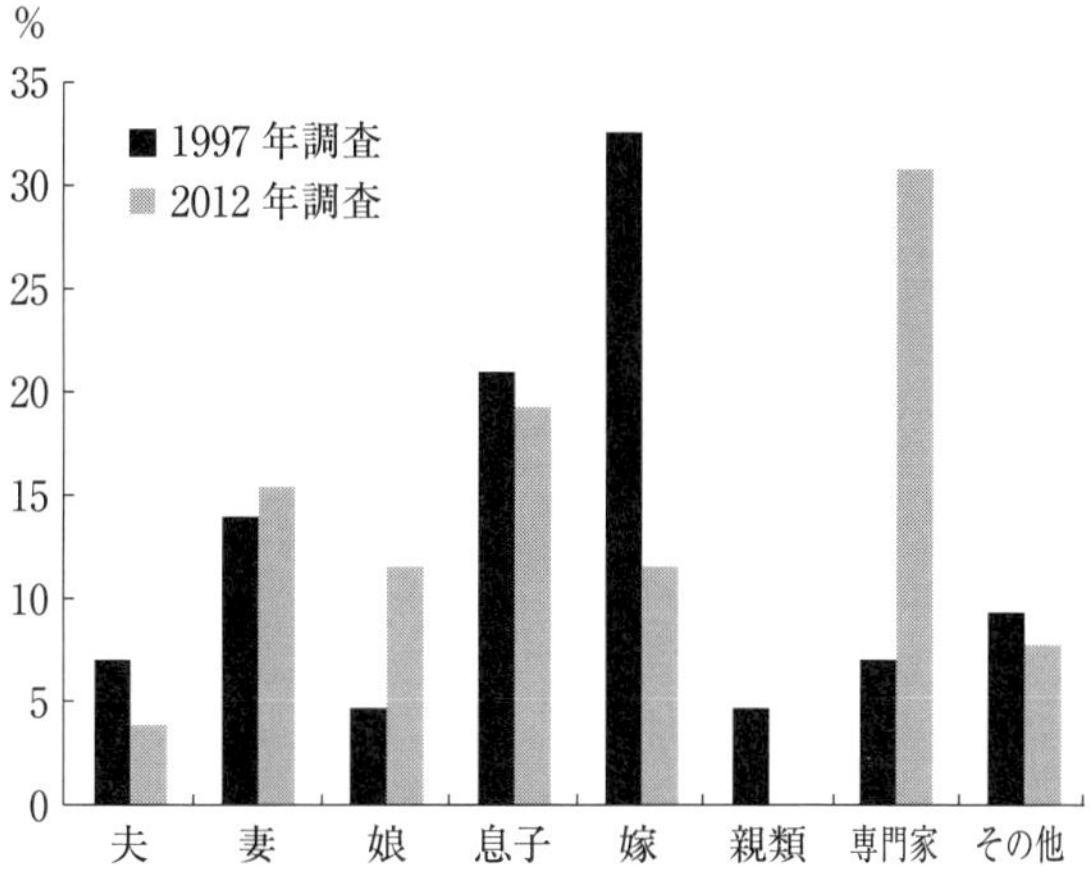

図3－3　介護者の被介護者に対する続柄

資料）アンケート調査
注）N：1997年＝43、2012年＝26

祖母、義理の祖父、兄弟姉妹、その他が1人ずつという回答だった。このように要介護者の親族関係は多岐にわたっているが、なかでも直系親族が多くなっている点に特徴がある。

　では、要介護者を実際に介護している人（以下、介護者とする）は誰だろうか。要介護者からみての親族関係を図3－3に示した。1997年では「嫁」（息子の配偶者）がもっとも多くて32・6％、次に多いのは息子で20・9％だった。2012年調査でも息子は2番目に多い19・2％を占めたが、「嫁」は11・5％へと半減している。農村に限らず、都市でも「嫁」が介護を担うものという伝統的な規範が日本ではいまだに強いことを考えると、1997年調査でも「嫁」の数値はすでに相対的に少なかったといえるが、2012年調査では「嫁」の介護離れ傾向がいっそう強くなっている[5]。それに対して、息子が介護者として関与している比率が予想外に多かったことは注目に値する。というのも、厚生労働省『老人訪問看護実態調査』（1993年）によると、介護を必要とする父親を介護している息子の割合は2・2％、母親を介護している割合は6・5％に過ぎなかったからである[(6)]。しかし、両方の調査とも介護の内容を特定しなかったので介護を経済的に「面倒をみている」という意味に捉えている可能性を否定できない[(7)]。だが、在宅介護の場合には身体的介護だけでなく、むしろ「精神的介護」が重要であると理解すれば、限定つきではあるが、介護にかかわる息子の相対的多さを積極的に評価するほうがよいのかもしれない。

2012年調査ではもう一つ大きな変化があった。それは専門家が介護者として第1位の30・8％を占め、1997年調査と比べて4倍以上の伸びを示したことである。このことは、要介護者の居住場所の変化とも対応している。1997年調査では、要介護者の居住場所は圧倒的に自宅が多かった。実に、要介護者がいると答えた55世帯の74・5％にあたる41世帯が自宅組だった。それに対して病院と民間の施設はそれぞれ3・6％、公的施設と子どもの家はそれぞれ1人1・8％に過ぎなかった。他方、2012年調査では自宅が50％へと低下し、代わりに民間の施設が28・6％へと増えている。病院（7・1％）、公的施設（7・1％）、子どもの家（3・6％）はいずれも少数にとどまっている。このように、要介護者の自宅居住の減少と民間施設への入居増が「嫁」の介護関与の減少と専門家への介護委任という傾向を生み出していると考えられる。旧東伯町においても、伝統的な規範とは別に、在宅介護と家族介護の外部委託が現実には進行しつつあるといってよい。

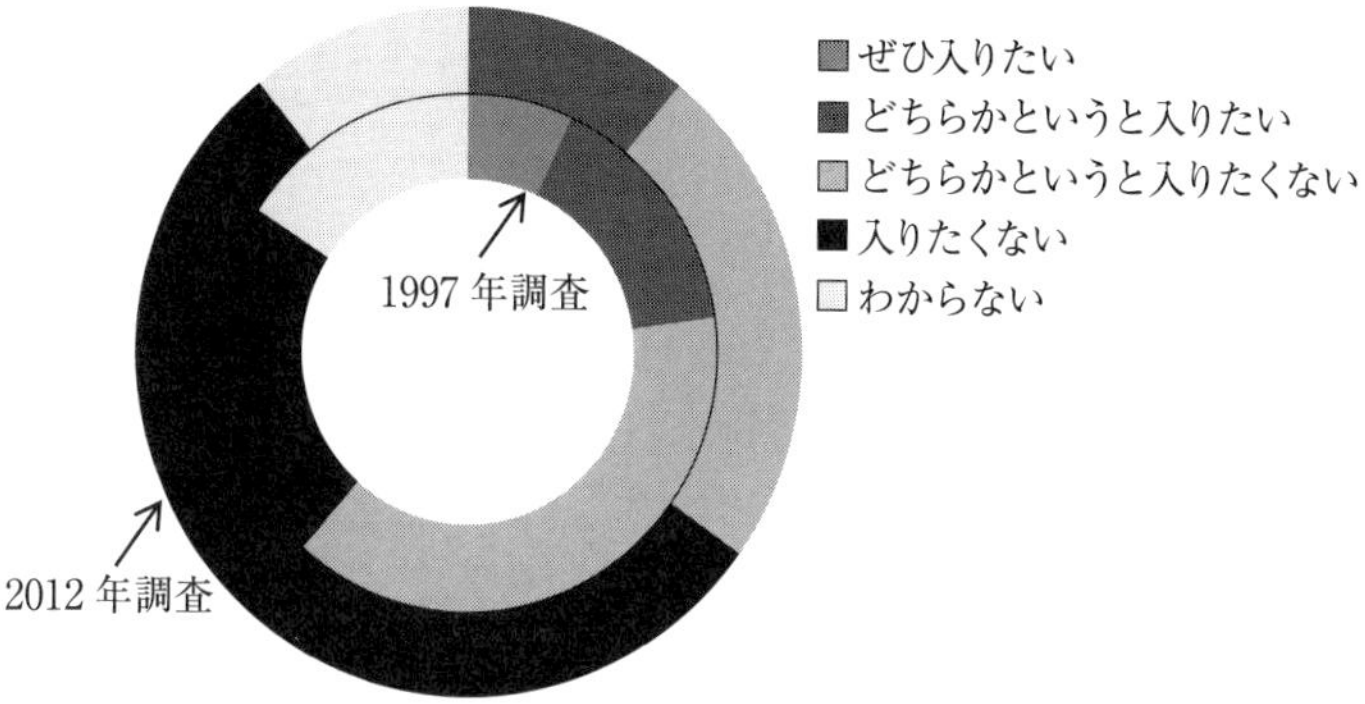

図3-4　ケアハウスへの入居意思

資料）アンケート調査
注）N：1997年＝44、2012年＝46

ただし、回答者本人がどのように考えているのかは別の問題である。先に述べたように、旧東伯町にはJAとうはくが設置したケアハウスがあるので、65歳以上の高齢者を対象にケアハウスのような施設への入居希望を尋ねた。その結果、図3－4のような回答が得られた。「ぜひ入りたい」「どちらかというと入りたい」の入所派は1997年調査でも2012年調査でもともに少なく、1997年は合計で19％、2012年は同じく10・9％にとどまった。逆に、「入りたくない」「どちらかというと入りたくない」の入所拒絶派は1997年で52・9％、2012年で78・2％と入所派を大きくしのいでいる。しかも2012年では「入りたくない」と明確に拒否する回答が54・3％と過半を占めた。広い宅地と住居を所有している農村の場合、家族と同居する限り、自宅に住みつづけようという誘因は強い。それに加えて農村には、施設入所は世間体が悪いという感覚が強く残っているし、また年齢が高い層ほどそのような傾向を持っている。図3－4は、そうした事情がいまなお継続していることの反映であるといえそうである。

(2) 高齢者生活の一断面

この項では、65歳以上の人を対象とした追加設問への回答に基づいて、高齢者生活の一断面を切り取ってみることとしたい。1997年調査では51人（全回答者の19・3％）、2012年調査では46人（同じく47・9％）が母数となる。

まず、生活費を獲得する手段は表3－4のように、どちらの調査とも農業および農業者年金・国民年金に集中していて、この両者で1997年調査が60・8％、2012年調査が59・3％に達する。1997年調査では、給与（配偶者の分も含む）が農業者年金・国民年金に匹敵する重みがあったが、2012年調査では8・1％へと大きく減少し、代わりに企業年金や個人年金への依存度が高くなっている。なお、仕送りはどちらもゼロだった。高齢者の収入源として、農業の重要性に変わりはないが、兼業先の定年退職による企業年金を受給する人の割合が増加している点が最近の特徴である。

では、高齢者は収入を十分と感じているのだろうか。「収入は十分ですか」という設問に対して、1997年調査では「困っていない」15・2％、「あまり困っていない」30・4％、「少し困っている」50・0％、「困っている」4・3％、2012年調査では同じ順に24・3％、54・1％、21・6％、0％という結果となった。ちなみに、内閣府の「生活実感に関する調査」（2008年）によると、暮らし向きが「大変苦しい」と「やや苦しい」と感じている60歳以上の人の割合は26・4%に達している。[8] この数字と比べてみると、旧東伯町の暮らし向き感は悪いものではなかった。ただ旧東伯町の家としての年収水準は200万円未満（1997年29・4%、2012年19・5%）と200万円〜400万円（1997年17・6%、2012年48・8%）に集中している。さほど多くの収入を得ているわけではないが、経済的な実感としてはまあまあ何とか満足できる暮らしだとみなしていると判断できよう。その背後に、自給用食料の生産を含めて農業への従事があることは想像に難くない。

表3-4　高齢者の収入源

（単位：%）

	1997年調査	2012年調査
農業	36.2	31.4
給与	26.1	8.1
農業者年金・国民年金	24.6	27.9
企業年金	1.4	15.1
個人年金	8.7	10.5
その他	2.9	7.0

資料）アンケート調査
注）複数選択、N：1997年＝72、2012年＝189

生活の満足度は経済的側面とともに、社会的役割や生きがいにも影響される。高齢者にとってはむしろ後者のほうが重要な場合も多い。この点で、農村では高齢になってもいろいろな役職がつきものであり、高齢者に社会的な「居場所」が提供されている。1997年調査では回答を寄せてくれた高齢者のうち、延べ30人が何らかの公的な役職を経験している。実行組合長（7人）、区長（6人）、会計（4人）というあたりが中心である。実行組合長が多いのは、回り持ちの慣行があるからだろう。ほかには、農協関係の役職が多く、農協婦人部長、農協女性会地区部長、農協総代（いずれも2人）があがってきた。地区婦人会長（1人）、

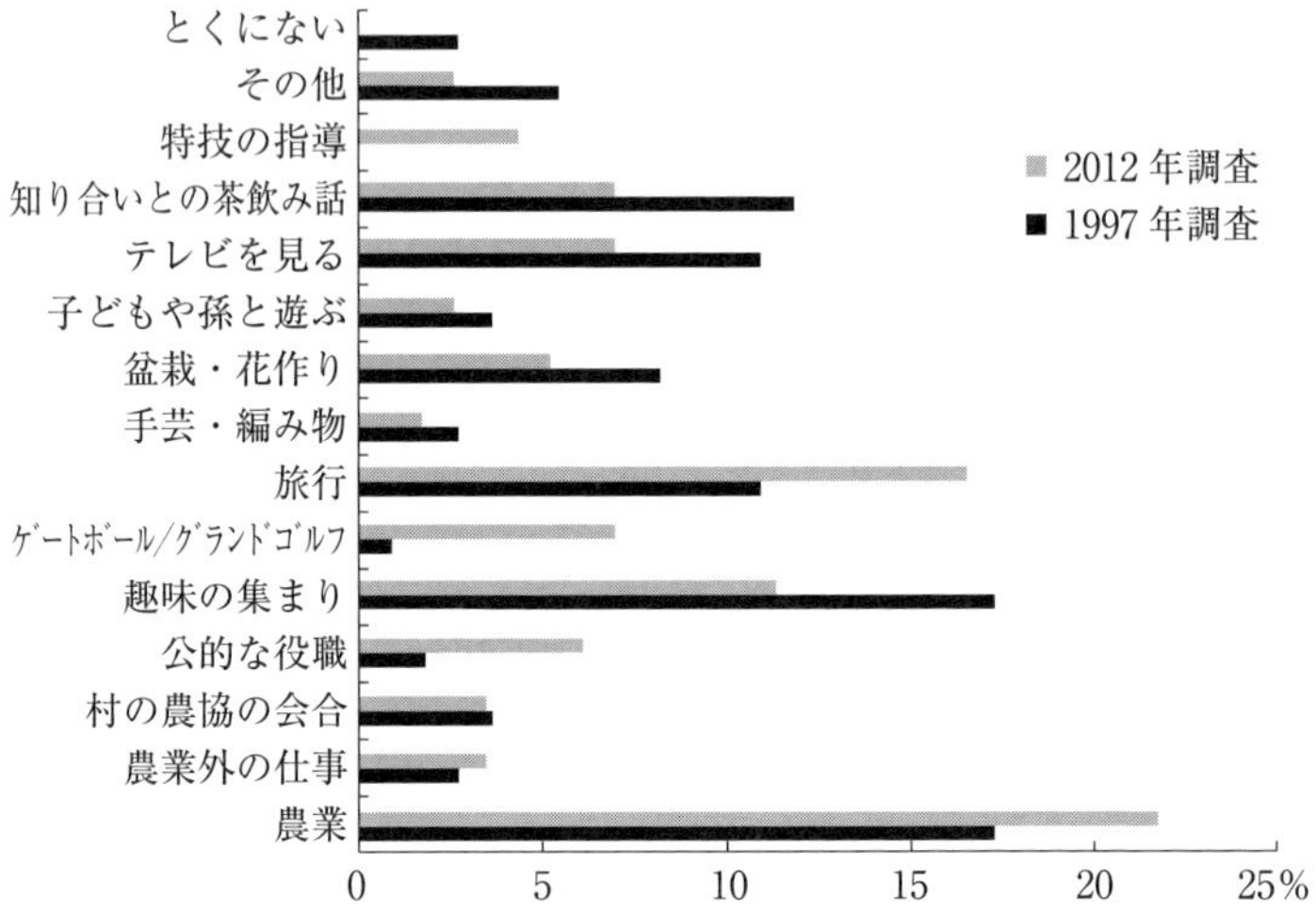

図3-5　高齢者の生きがい

資料）アンケート調査
注）複数選択、N：1997年＝110、2012年＝115

部落老人会長（1人）、神社総代（1人）は意外に少なかった。2012年調査では、区長（17人）、実行組合長・農事組合長（14人）、会計（8人）など村関係の役職のほかに、農協総代（12人）、理事（農協、芝組合、土地改良区など13人）などが中心となった。それ以外にも、地区公民館長、社会福祉協議会理事や文化協会理事など町関係の役職も経験者がいる。女性の役職としてはJA女性会会長や同役員、地区婦人会、長寿会などがある。農村では一般にこれらの多彩な役職が存在し、負担感を与える一方で、高齢者が社会的な役割を自覚するように作用している。ただ、これらの役職は年齢に対応するいわば「通過役職」とでもいうべき傾向があるので、こうした役職の「定年制」が高齢者の社会的意義を低下させている可能性も否定できない。

しかしながら、役職といった公的な社会的役割と生きがいとは必ずしも密接に関連しているわけではなさそうである。図３-５のように、「生きがいは何ですか」という設問に対する回答では、１９９７年調査も２０１２年調査も会合や公的役職に生きがいを感じている人は少数派であった。むしろ農業をすること、趣味の集まりに出ること、旅行をすることに集中している。また社会関係や創造的な意味を含む茶飲み話や盆栽・花作りは２０１２年に減少しているとはいえ、こうした活動に生きがいを感じている人も少なくない。またテレビが減って、ゲートボール／グランドゴルフが伸びていることも対照的である。つまり、旧東伯町では過疎地に多い高齢者の「引きこもり」と「テレビ漬け症候群」はまだみられないといってよいだろう。

３　高齢化に関する困りごと・不安と老後の生活像

高齢化が進むと、さまざまの局面でいろいろな不都合や障害が噴出する。個人のレベルでは、経済的自立、身体的自立にかかわる困りごとや不安、社会的つながりの断絶による孤立感・孤独感、生きがいの喪失と精神的苦悩・退廃などが生じがちとなる。わたしたちはこれらの問題を抱えて、老後の暮らしをどのように描いていくのか、また加齢にともなって不可避となる介護、とくに身体が不自由になった時にどうするのか、家族・親族にどのような役割を期待するのか、といった命題を個々の状況に応じながら解いていかざるをえない。こうした個別具体的な諸問題をきちんと把握することなしに、焦点の定まった高齢者問題の対応策を考えることはできない。この節では、そうした高齢者問題の多様性に影響すると思われる年齢、家族形態、家族のなかに高齢者を抱えているかどうか（以下、高齢者有無）という三つの側面から、困りごと・不安および老後の生活像について検討を加える。

（1）現在の困りごとと将来の不安

最初に、ふだんの生活のなかで困っていること、および将来的な不安について検討しよう。「今、一番困っていることは何ですか」（以下、困りごと）という設問（三つまでの複数選択）に対して得られた回答は、1997年調査では収入の不足が38・3％、健康問題25・8％、農地の管理15・6％がトップ3を占めた。他方、「将来で一番不安なことは何ですか」（以下、不安）という設問（三つまでの複数選択）に対しては、健康問題が54・3％と過半を占め、ついで収入の不足37・9％、農地の管理28・8％となった。現在の困りごとと同じ項目がトップ3に入ったが、将来の不安については健康問題が図抜けて多かった点が注目に値する。現在は健康でも、将来的には不安を抱えている人の多いことがわかる。

ところが直接、高齢化と結びつく問題を選択した回答は相対的に少なかった。すなわち、困りごとにおいては高齢者介護が6・4％、後継ぎの他出11・0％、不安においては高齢者介護15・9％、介護する人（以下、介護者）の確保10・6％、後継ぎの他出12・1％というレベルにとどまったのである。そのなかでも、老人ホームの不足を選んだ回答がわずか2人（0・8％）だったことも特筆しておくべきだろう。ただ、高齢者介護については不安として選択した人の比率が困りごとのそれの2・5倍にのぼっており、介護の負担あるいは介護者の確保についての将来的な危機意識はそれなりに強いとみてよいだろう。さらに困りごとの総回答項目数は、「とくにない」と無回答を除くと合計で320であるが、不安の総回答項目数は428に達し、現在よりも将来に対する不安の方が根強いといえそうである。

2012年調査でも、現在の困りごととしては収入の不足が21・7％、農地の管理20・6％、健康問題17・7％がトップ3を占めた。しかし、1997年調査では3項目のあいだに明確な差があったが、2012年調査では収入の不足と健康問題が減少し、逆に農地の管理が微増したためにいずれも同じような水準になっている。いよいよ農地の管理が負担として感じられる段階に入ったとみることができる。将来の不安については、1997年調査と同様に健康がトップだったが、割合は32・5％にとどまった。2位と3位はそれぞれほぼ同水準で農地の管理（22・0％）と収入の不足（21・0％）となった。農地の管理と収入の不足は、現在の困りごとと将来の不安とがほとんど同じであるのに対し、健康は将来の不安がかなり大きく、1997年調査と共通している。

次に、困りごとと不安に関する回答を年齢別に異同を検討する。年齢は10歳ごとにグループ分けした。ただし、1997年調査では回答数の少なかった29歳以下と30歳代とを同じグループにまとめた。2012年調査では、このグループからの回答はなかった。また40歳代も少数だったので50歳代

表3-5　年齢別にみた現在の困りごと・将来の不安（1997年調査）

（単位：%）

		20歳代・30歳代	40歳代	50歳代	60歳代	70歳以上
現在の困りごと	収入の不足	38.9	27.2	18.0	29.5	26.1
	家庭もめ事	11.1	2.6	3.6	3.2	0.0
	近所づきあい	5.6	6.1	4.5	0.0	0.0
	健康問題	11.1	14.0	16.2	23.2	26.1
	高齢者介護	2.8	7.0	4.5	2.1	4.3
	農地の管理	11.1	16.7	14.4	20.0	13.0
	後継ぎ他出	0.0	3.5	11.7	8.4	17.4
	その他	2.8	4.4	5.4	3.2	4.3
	とくにない	16.7	18.4	21.6	10.5	8.7
将来の不安	収入の不足	20.9	20.3	16.0	28.3	26.9
	健康	39.5	32.4	28.2	26.5	26.9
	高齢者介護	9.3	15.5	8.4	0.9	0.0
	介護者の確保	0.0	6.1	5.3	8.0	0.0
	老人ホーム不足	0.0	0.7	0.0	0.0	3.8
	農地の管理	14.0	14.9	17.6	22.1	30.8
	後継ぎ他出	0.0	4.7	10.7	8.0	7.7
	その他	7.0	0.0	1.5	0.0	0.0
	とくにない	9.3	5.4	12.2	6.2	3.8

資料）アンケート調査
注）複数選択、N = 264

と同じグループにまとめた。

なお、家族類型別と高齢者の有無別についても分析したが、顕著な違いが析出できなかったので、以下では年齢別の分析結果を中心に説明する。ただし、家族類型別と高齢者の有無別に分析した結果のなかで、若干の興味深い点については本節および第4節最後で補足することとしたい。

表3-5は、1997年調査の年齢からみた困りごとと不安についての回答割合を示したものである。1997年調査の困りごとについては、いずれの年齢層も収入の不足

がトップを占めているが、若い年齢層ほど収入の不足への集中度が大きく、経済的問題が暮らしのなかで大きな位置にあるといえる。他方、年齢層が高くなるにつれて、健康問題や農地の管理で困っているという回答が多くなってくる。つまり、経済も健康も農地管理も等しい重みを与えられているのである。いわば、加齢につれて単一焦点型の問題構造から複数焦点型へと移っているのである。不安についても、加齢にともなう単一焦点型から複数焦点型への移行傾向が認められる。しかし、その焦点は困りごとと違って、健康問題を軸とするものに変わっていく。高齢者介護や介護者の確保はあまり大きな不安として感じられていなかったが、40歳代、50歳代でほかの年齢層よりも相対的に高い割合を占めた。それが世代的な特徴なのか、個別の事情によるのかははっきりしない。

表3-6　年齢別にみた現在の困りごと・将来の不安（2012年調査）　（単位：％）

		40歳代・50歳代	60歳代	70歳以上
現在の困りごと	収入の不足	19.4	23.4	20.0
	家庭もめ事	－	3.2	－
	近所づきあい	3.2	1.1	－
	健康問題	22.6	17.0	16.0
	高齢者介護	6.5	12.8	2.0
	農地の管理	16.1	19.1	26.0
	後継ぎ他出	6.5	12.8	16.0
	その他	12.9	3.2	8.0
	とくにない	12.9	7.4	12.0
将来の不安	収入の不足	25.5	21.6	10.3
	健康	29.8	27.0	36.2
	高齢者介護	14.9	14.4	－
	介護者の確保	4.3	0.9	8.6
	農地の管理	12.8	22.5	22.4
	後継ぎ他出	6.4	9.9	15.5
	その他	4.3	0.9	3.4
	とくにない	2.1	2.7	3.4

資料）アンケート調査
注）複数選択、N = 174

表3－6は2012年調査について、表3－5と同様にまと

めたものである。困りごととしては、40歳代・50歳代で健康問題が22・6％と1997年から倍増してトップとなり、逆に収入の不足は2位の19・4％へと大きく減少した。60歳代と70歳以上はだいたい同じような傾向を示したが、後継ぎの他出が健康問題と同程度の困りごととして認識されるようになった点が1997年調査との違いである。将来の不安については、どの年齢層でも健康がトップであるが、必ずしも図抜けているというわけではなかった。高齢者介護に対する不安が40歳代・50歳代と60歳代でそれぞれ14・9％、14・4％とやや目立つ数値になっているのも2012年調査の特徴といえる。

(2) 老後の生活に対する意識

加齢が不安や負担に転じるのか、それとも豊かで幸福な暮らしに結びつくのか。その一つの分かれ目は、老後の生活をどのように設計しようとしているのかにある。そこで、「老後、だれと暮らしたいか」（老後のパートナー）、「老後をどのように過ごしたいか」（老後のライフスタイル）、「老後をどんなところで過ごしたいか」（老後の居住地）、「老後の生活費は何でまかなうべきか」（老後の生活費確保方法）という四つの側面から老後の生活に対する意識を尋ねてみた。

まず、老後のパートナーである。表3－7と表3－8は「あなたは老後をだれと暮らしたいですか」という設問に対する回答を、1997年調査と2012年調査のそれぞれについて年齢別に整理したものである。老後のパートナーに関する全体の回答は、1997年調査で夫または妻が69・9％を占め

表３-７　年齢別にみた老後パートナーの希望（1997 年調査）

（単位：％）

	20 歳代・30 歳代	40 歳代	50 歳代	60 歳代	70 歳以上	全体
夫または妻	77.3	74.3	71.8	65.6	46.7	69.9
死別で単身	−	4.3	−	1.6	−	1.7
息子	−	2.9	18.3	14.8	46.7	13.0
娘	4.5	4.3	4.2	3.3	6.7	4.2
その他家族	−	1.4	2.8	4.9	−	2.5
わからない	18.2	12.9	2.8	9.8	−	8.8

資料）アンケート調査
注）N ＝ 264

表３-８　年齢別にみた老後パートナーの希望（2012 年調査）

（単位：％）

	40 歳代・50 歳代	60 歳代	70 歳以上	全体
夫または妻	89.5	80.0	68.0	78.7
単身	−	4.0	4.0	3.2
息子	5.3	6.0	16.0	8.5
娘	−	2.0	4.0	2.1
その他家族	−	4.0	0.0	2.1
わからない	5.3	4.0	8.0	5.3

資料）アンケート調査
注）N ＝ 95

てほかの選択項目を圧倒している。２位の息子でさえ13・０％に過ぎない。２０１２年調査でも夫または妻が78・７％と大勢を占める一方で、息子は８・５％へと低下しており、１９９７年調査でわかった傾向がさらに強くなっている。このことは、農村では長らく当然視されていた「いえ」的家族観よりも夫婦を単位とする家族観が広がっているようにみえる。とはいえ、同じ子どもでも娘はどちらの調査でもごく少数であることを考えると、息子の割合は際立っているということもできる。だから、「いえ」の後取りとしての息子になお多くの期待を抱いていると判断するほうが実際の規範に近いのかもしれない。もちろん、息子と暮らすとしても、それは息子夫婦を暗黙の前提としているから、息子の妻（「いえ」の嫁）に老後の面倒をみてもらう（介護してもらう）ことを意味している。

老後のパートナーと年齢層のあいだには、どちらの調査でも年齢が上がると配偶者が減少し、代わりに息子が増える傾向が認められる。この傾向は微弱であるとはいえ、農村における世代間ギャップの存在を暗示している。とくに１９９７年調査では、20歳代・30歳代では息子がゼロ、40歳代でも２・９％でしかないのに、50歳代になると18・３％に跳ね上がり、70歳以上では46・７％にも達していて、「いえ」と後取り、老後の伴侶をめぐる意識は50歳代を節目として明らかなギャップが存在していた。２０１２年調査でも同様な傾向が続いているが、しかし世代間ギャップの節目は70歳以上へと上昇し、さらに息子と暮らしたいとする比率も大きく低下した。この点では、「いえ」的家族観が実態としての世代間別居の増加に近づいているのかもしれない。

次に、老後のライフスタイルに関する全体の回答は、「体が丈夫なうちは働きたい」（「勤労派」）という回答が１９９７年調査で50・８％、２０１２年調査で66・０％とどちらも５割を超えた（表３-９、表３-10）。ついで「好きなことをしてのんびり暮らす」（「のんびり派」）が１９９７年調査で36・８％、２０１２年調査で24・５％となり、「勤労派」と「のんびり派」で９割を占めてしまった。「今までできなかったことを実現したい」（「自己実現派」）とか、「地域や社会に役立つことをしたい」（「社会貢献派」）はいずれの調査でもごく少数にとどまった。日本全体ではシルバー・ボランティアや生涯学習による自己実現が注目を集めているけれども、このアンケート調査ではむしろ勤労に重き

表３-９　年齢別にみた老後のライフスタイル（1997年調査）

（単位：％）

	20歳代・30歳代	40歳代	50歳代	60歳代	70歳以上	全体
元気なうちは働く	20.0	39.4	50.0	71.4	73.3	50.8
のんびり暮らす	60.0	45.1	35.3	22.2	26.7	36.8
今までできなかったことを実現	8.0	12.7	7.4	1.6	−	7.0
地域や社会に役立つことをする	4.0	2.8	7.4	3.2	−	4.1
わからない	8.0	−	−	1.6	−	1.2

資料）アンケート調査
注）N ＝ 264

表３-10　年齢別にみた老後のライフスタイル（2012年調査）

（単位：％）

	40歳代・50歳代	60歳代	70歳以上	全体
元気なうちは働く	57.9	70.0	64.0	66.0
のんびり暮らす	31.6	22.0	24.0	24.5
今までできなかったことを実現	5.3	−	−	1.1
地域や社会に役立つことをする	5.3	8.0	12.0	8.5

資料）アンケート調査
注）N ＝ 95

が置かれている。そこには、生涯現役でよく働くことを美徳とする農民的農業観の典型が示されているといえよう(9)。

ところが、その傾向はすべての年齢層にあてはまるわけではない。とくに、１９９７年調査の20歳・30歳代では「のんびり派」が60・０％にも達するが、「勤労派」は20・０％に過ぎなかった。40歳代ではそれほど顕著ではないが、「のんびり派」のほうが「勤労派」をなお上回った。それが50歳代になると、「勤労派」が「のんびり派」を逆転し、60歳代、70歳以上では「勤労派」

が圧倒的となる。ここには、見事なほどの世代間の対照性が表れたといってよい。ところが、2012年調査では40歳代・50歳代でも「勤労派」が57・9％と過半を占め、「のんびり派」が相対的に減少している。また「社会貢献派」がやや増加していることは新しい傾向として指摘できる。

第三に、希望する老後の居住地は、1997年調査では264人中210人（79・5％）が「いま住んでいる場所」を選択した。第2位の「自然環境の良いところ」は6・1％に過ぎず、「買い物など便の良い場所」（3・0％）、「医療機関に近い場所」（1・9％）などその他の項目はたいへん少数だった。2012年調査では、実に94人中89人（94・7％）が「いま住んでいる場所」と答えた。このように、老後の居住地としては利便性や医療上の安心よりも、住み慣れた場所への愛着を優先していることがわかる。

第四に、老後の生活費確保方法である。表3－11と表3－12は、「老後の生活費は何でまかなうべきだと思いますか」という設問に対する回答を年齢別に整理したものである。1997年調査では、自分で都合をつけるという項目が59・7％と過半を占め、ついで社会保障が29・2％となった。この傾向は年齢別にみても大きな違いはないが、60歳代、70歳以上になると子どもたちの援助への期待が高まってくる。2012年調査では、「自分で」まかなうべきという回答割合は55・3％を占め、また社会保障も39・4％とかなり大きな割合を占めて、この2項目への集中傾向が大きくなった。子どもたちからの援助に依存しようとする意向は全体として弱く、子ども世代に経済的な迷惑をかけないようにしたいという気持ちが規範化している可能性もある。基本的に自分の責任で生活費を確保し、不

表3-11　年齢別にみた老後の生活費確保方法（1997年調査）

（単位：％）

	20歳代・30歳代	40歳代	50歳代	60歳代	70歳以上	全体
自分で	62.5	61.1	53.6	64.1	57.1	59.7
子どもたちの援助	8.3	4.2	5.8	17.2	21.4	9.5
社会保障	25.0	33.3	37.7	18.8	21.4	29.2
その他	4.2	1.4	2.9	−	−	1.6

資料）アンケート調査
注）N ＝ 264

表3-12　年齢別にみた老後の生活費確保方法（2012年調査）

（単位：％）

	40歳代・50歳代	60歳代	70歳以上	全体
自分で	42.1	57.1	61.5	55.3
子どもからの援助	5.3	0.0	11.5	4.3
社会保障	52.6	44.9	19.2	39.4
その他	−	2.0	7.7	3.2

資料）アンケート調査
注）N ＝ 94

足する部分を社会保障で埋め合わせる形態が望ましいと考えているとみてよいだろう。

年齢別では１９９７年調査において40歳代、50歳代で社会保障に対する期待が相対的に多かった。これに対し、ほかの年齢層では「自分で」が多数派であるが、60歳代、70歳以上では子どもの援助に期待する比率がだんだんと大きくなった。そこには、頭では「自分で」生活費を調達すべきだと考えているが、現実には子どもたちにも依存せざるをえないというアンビバレンツな心情が反映されている。２０１２年調査では、40歳代・50歳代において「社会保障」が第１位の52・６％を占め、ついで「自分で」が42・１％と順位が逆転した。60歳代では「自分で」57・1％、「社会保障」44・9％という数字が得られた。この点では、村びとのなかで「社会保障」の位置づけが変わりつつあるのかもしれない。

最後に、家族類型別および高齢者の有無別にクロス集計をした結果、明らかになった点を若干補足しておこう。なお家族類型は、類型Ⅰ（世帯主だけ、あるいは世帯主夫婦だけの世帯）、類型Ⅱ（夫婦と未婚の子どもからなる世帯）、類型Ⅲ（夫婦と両親、あるいは夫婦と片親の世帯）、類型Ⅳ（両親と夫婦と未婚の子ども、あるいは片親と夫婦と未婚の子どもからなる直系3世代世帯）、類型Ⅴ（両親の親と両親と夫婦と未婚の子どもからなる直系4世代世帯）、類型Ⅵ（その他世帯）の六つに区分した。

第一に、どちらの調査においても割合は低いながらも、高齢者介護を困りごととしてあげる回答の割合は高齢者のいる世帯が高齢者のいない世帯よりも有意に大きかった。

第二に、どちらの調査でも直系家族の家族類型Ⅳや家族類型Ⅴでは介護者の確保にほとんど不安を感じていない。つまり、直系家族では家族介護になお信頼感を持っている可能性が高いのである。

第三に、高齢者の有無別では、やはり高齢者のいる世帯で社会保障に期待する比率が高い。現実には高齢化すると、所得獲得能力が制約され、逆に健康やつきあい上の出費（祝儀、不祝儀など）がかさむ。そうした社会経済的条件が社会保障に対する期待を大きくしているのかもしれない。

4　介護と家族に関する意識

老後の暮らしは、ある時点で好むと好まざるとにかかわらず、何らかの介護を必要とする状態に移っていく。『高齢社会白書』によれば、1985年における「寝たきりの高齢者」は86万人で、同年度における高齢者1860万人の4・6%を占めた[10]。1996年には、2000年における「寝たきりの高齢者」が90万人に増え、その出現率は5・3%へと高まり、さらに2025年に「寝たきりの高齢者」が230万人、出現率が7・1%になるとの予測が公表された[11]。さらに同年の『厚生白書』は寝たきり、痴呆および虚弱を合わせた要介護高齢者等の数についての予測を掲載した。それによると、要介護高齢者は2000年に280万人、2010年390万人、2025年520万人になると見込まれている[12]。

平均余命が延び、老後の暮らし期間が長くなればなるほど、介護の必要性は高まってくる。寝たきりでなくとも、何らかの身体的障碍が生じて、介助を必要とする要介護者も増えている。1997年に「介護保険法案」が成立し、2000年に介護保険制度が施行されたのは要介護状態になるリスクが国民全体に共有されるようになり、介護が医療と同様に保険になじむと判断されたからである。介護保険による要支援・要介護の認定者数（65歳以上）は2001年度末の288万人から2009年度末にはその1・6倍の470万人へと182万人も増えた[13]。

こうした状況の下で、介護についての意識はどのように変わっているのだろうか。この節では、前の節同様に旧東伯町において実施したアンケート調査（１９９７年と２０１２年）に基づいて介護意識が変わったのかどうかを、家族に介護の必要性が生じたときの介護方針、そのときに介護をしたい相手、自分が要介護状態になったときに介護をしてほしい人、介護を受けたい場所・方法、介護義務を持つと思う人、の5点から検討する。ここでも年齢別の分析を中心に行ない、家族類型別と高齢者の有無別の分析については補足的な説明にとどめる。

（1）介護をする立場からみた意識

表3－13と表3－14は、「あなたの家族に介護の必要が生まれたとすると、あなたはどのようにしたいと思いますか」（家族内の要介護者に対する介護方針）という設問に対する回答を１９９７年調査と２０１２年調査のそれぞれを年齢別に集計したものである。１９９７年調査における全体としての傾向は、「自宅介護と公的なサービスの組み合わせ」がもっとも多く、36・2％に達した。ついで、「本人の希望を優先する」と「自宅で介護する」がそれぞれ19・8％、18・5％とほぼ同じ割合で続いた。その他の「専門の施設」や「専門の病院」に任せるとか、「公的なサービス」などはごく少数で、とくに「民間サービス」が0・9％に過ぎなかった点が目立つ。２０１２年調査では「自宅＋公的サービス」が40・7％へとさらに増大し、「公的サービス」と合わせると5割に達する。「民間のサービス」は3・3％でほとんど増えなかったが、逆に「専門の施設」が11・0％へと伸びたことが

表３−13　年齢別にみた家族内の要介護者に対する介護方針（1997年調査）

（単位：％）

	20歳代・30歳代	40歳代	50歳代	60歳代	70歳以上	全体
自宅で介護	21.7	11.8	20.6	23.7	14.3	18.5
専門の施設	4.3	10.3	2.9	5.1	7.1	6.0
専門の病院	−	1.5	4.4	5.1	7.1	3.4
公的なサービス	4.3	1.5	4.4	1.7	−	2.6
民間のサービス	4.3	−	1.5	−	−	0.9
自宅＋公的サービス	43.5	52.9	30.9	25.4	14.3	36.2
自宅＋民間サービス	−	7.4	8.8	11.9	7.1	8.2
本人の希望	17.4	11.8	20.6	23.7	42.9	19.8
わからない	4.3	2.9	5.9	3.4	7.1	4.3

資料）アンケート調査
注）N ＝ 264

注目される。

年齢別には、１９９７年調査において自宅介護が40歳代と70歳以上で相対的に低くなっている。40歳代はちょうど親世代の介護が身近な問題として起こりはじ

表３−14　年齢別にみた家族内の要介護者に対する介護方針（2012年調査）

（単位：％）

	40歳代・50歳代	60歳代	70歳以上	全体
自宅で介護	11.1	10.4	16.0	12.1
専門の施設	16.7	8.3	12.0	11.0
専門の病院	−	−	4.0	1.1
公的なサービス	22.2	8.3	4.0	9.9
民間のサービス	−	4.2	4.0	3.3
自宅＋公的サービス	33.3	45.8	36.0	40.7
自宅＋民間サービス	11.1	6.3	16.0	9.9
本人の希望	5.6	12.5	8.0	9.9
わからない	−	4.2	−	2.2

資料）アンケート調査
注）N ＝ 91

めるライフステージに相当する。そのことが、自宅介護を低い数字にとどめているのかもしれない。70歳以上では介護される立場に回る可能性が高く、そのことが「本人の希望を優先する」の突出（42・9％）となって現れているのだろう。「本人の希望」は、年齢があがるほど高くなる傾向があり、その裏返しとして「自宅介護と公的サービスの組み合わせ」は年齢が若い層ほど多くなっている。2012年調査においては、1997年調査ほど明確な違いがなく、全体的に似たような回答傾向となっているが、そのなかで40歳代・50歳代の「公的サービス」がほかの年齢層よりもかなり大きくなっていること、民間サービスがやはり少数であることが注目される。

第二の側面である介護したい相手に関しては、「自分の家族が老後、体が不自由になった（不自由になっている）とき、だれなら介護をしてみたいと思いますか」という質問を設けた。この設問に対する全体の回答は、1997年調査で67・1％、2012年調査で50・0％が配偶者に集中した（表3－15、表3－16）。その他は1997年調査で自分の母親が11・1％、配偶者の母が8・2％に過ぎず、配偶者の父や自分の父親はそれぞれ2・4％、1・4％とほとんど無視できる水準だった。2012年調査では、自分の母親や父親はそれぞれ20・3％、14・5％に伸びたが、配偶者の両親はごく少数にとどまった。年齢別にはいずれの調査でも顕著な違いを認めることはできなかった。なお、わずかながら「だれの介護もしたくない」という回答が両方の調査ともあったことは注意すべき点である。

以上のような回答傾向は、「夫婦間で男女それぞれが面倒をみあう」という近代的家族観によるも

表3-15　年齢別にみた介護したい人（1997年調査）

（単位：％）

	20歳代・30歳代	40歳代	50歳代	60歳代	70歳以上	全体
自分の父親	−	1.6	3.3	−	−	1.4
自分の母親	15.0	18.8	5.0	9.3	−	11.1
配偶者の父	−	1.6	1.7	1.9	22.2	2.4
配偶者の母	5.0	7.8	11.7	7.4	−	8.2
配偶者	65.0	62.5	73.3	66.7	66.7	67.1
その他家族	10.0	1.6	−	7.4	11.1	3.9
介護したくない	5.0	6.3	5.0	7.4	−	5.8

資料）アンケート調査
注）N ＝ 264

表3-16　年齢別にみた介護したい人（2012年調査）

（単位：％）

	40歳代・50歳代	60歳代	70歳以上	全体
自分の父親	23.5	12.7	9.1	14.5
自分の母親	26.5	21.1	12.1	20.3
配偶者の父	2.9	4.2	3.0	3.6
配偶者の母	5.9	4.2	3.0	4.3
配偶者	38.2	50.7	60.6	50.0
その他家族	2.9	2.8	12.1	5.1
介護したくない	−	4.2	−	2.2

資料）アンケート調査
注）N ＝ 86

のなのか、それとも「男は妻が面倒をみて、妻は子どもに面倒をみてもらう」という通俗的倫理観によるものなのかは、はっきりしない。いずれにせよ、男親に対する介護希望は少数派でしかない。

(2) 介護をされる立場からみた意識

第三の側面である介護をしてほしい人に関しては、「あなたは、老後、自分の体が不自由になったとすれば、だれに介護をしてほしいですか」という質問を設けた。この質問に対する全体の回答は、表3-17と表3-18からわかるように両方の調査とも「介護したい人」と同様に、配偶者に集中する傾向を示した(1997年調査で63・2%、2012年調査で72・2%)。ただその数値は年齢が高くなるほど減少傾向を示した。1997年調査ではその傾向が顕著で、20歳代・30歳代から50歳代までは7割近くが配偶者を選択したが、60歳代では58・3%、70歳以上では41・7%と5割を割り込んだ。代わりに、年齢の高い層では息子の妻や自分の娘に対する期待がかなり高くなっている。2012年調査ではこれほど明瞭ではないが、同様な傾向をみてとることができる。とくに70歳以上では自分の娘や息子の妻に対する期待がほかの年齢層に比べて目立って高い。また、「専門家」の割合は1997年調査よりも2012年調査が明らかに高くなっており、介護専門家に対する期待が一定割合存在していることがわかる。反面で、自分の息子に対する期待はどの年齢層でもたいへん小さいし、娘の夫を選択した回答はどちらの調査でも皆無だった。このように、いぜんとして介護の担い手は女性であるという認識が一般的であるといってよい。

表3-19と表3-20は、第四の側面である介護を受けたい場所に関して設けた質問、「あなたは、老後、自分の体が不自由になったとき、どこで介護をしてほしいと思いますか」に対する回答結果をま

表3-17　年齢別にみた介護してほしい人（1997年調査）

（単位：%）

	20歳代・30歳代	40歳代	50歳代	60歳代	70歳以上	全体
配偶者	66.7	67.1	66.2	58.3	41.7	63.2
自分の息子	−	2.9	−	3.3	−	1.7
自分の娘	20.8	18.6	16.2	18.3	25.0	18.4
息子の妻	−	2.9	10.3	8.3	25.0	7.3
娘の夫	−	−	−	−	−	−
その他家族	−	−	1.5	3.3	−	1.3
専門家	12.5	8.6	5.9	8.3	8.3	8.1

資料）アンケート調査
注）N = 264

表3-18　年齢別にみた介護してほしい人（2012年調査）

（単位：%）

	40歳代・50歳代	60歳代	70歳以上	全体
配偶者	72.2	76.6	64.0	72.2
自分の息子	5.6	2.1	4.0	3.3
自分の娘	5.6	6.4	16.0	8.9
息子の妻	−	−	8.0	2.2
娘の夫	−	−	−	−
その他家族	−	2.1	−	1.1
専門家	16.7	12.8	8.0	12.2

資料）アンケート調査
注）N = 91

とめたものである。この質問については全般的に、第一の側面である家族内の要介護者に対する介護方針とかなり似た回答傾向を示した。すなわち、自宅での介護をベースとしながら公的なサービスを組み合わせるという選択が

表3-19　年齢別にみた介護してほしい場所・方法（1997年調査）

（単位：%）

	20歳代・30歳代	40歳代	50歳代	60歳代	70歳以上	全体
自宅	24.0	29.2	36.2	34.4	7.7	30.8
専門の施設	8.0	13.9	11.6	8.2	7.7	10.8
専門の病院	–	6.9	5.8	16.4	7.7	8.3
公的サービス	–	1.4	2.9	3.3	7.7	2.5
民間サービス	–	–	–	–	–	–
自宅＋公的サービス	44.0	36.1	39.1	26.2	46.2	35.8
自宅＋民間サービス	12.0	5.6	2.9	6.6	15.4	6.3
わからない	12.0	6.9	1.4	4.9	7.7	5.4

資料）アンケート調査
注）N = 264

表3-20　年齢別にみた介護してほしい場所・方法（2012年調査）

（単位：%）

	40歳代・50歳代	60歳代	70歳以上	全体
自宅	27.8	20.8	32.0	25.3
専門の施設	16.7	10.4	28.0	16.5
専門の病院	11.1	4.2	4.0	5.5
公的サービス	11.1	8.3	–	6.6
民間サービス	–	–	–	–
自宅＋公的サービス	22.2	43.8	28.0	35.2
自宅＋民間サービス	11.1	12.5	8.0	11.0
わからない	–	–	–	–

資料）アンケート調査
注）N = 91

１９９７年調査では35・8%、２０１２年調査でも35・2%とトップを占め、ついで自宅が１９９７年に30・8%、２０１２年に25・3%となったのである。このように、基本的に自宅で介護を受けたいとする意向が強い。しかし、専門の施設が１９９７年調査の10・８％から２０１２年調査の16・５％へと増えているのも事実である。

一般には、自宅での介護が高齢者の希望として強調されているし、筆者の二つの調査でも大筋としてそのことはあてはまることがわかった。とはいえ、公的サービスや民間サービスとの組み合わせも含むすべての「自宅介護」は１９９７年調査で72・９％、２０１２年調査で71・５％だったので、圧倒的に自宅介護が望まれていると言い切るには少しためらいを感じざるをえない。ただ興味深いことに、２０１２年調査の家族内の要介護者に対する介護方針では「自宅で介護」（をしてあげる）という回答は12・１％だったが、自分が要介護状態になったときには「自宅」（で介護をしてほしい）の割合がその倍の25・３％に達している。この数字の違いが介護をめぐる本音を暗示していそうである。

年齢別にもう少し詳しく検討しておくと、１９９７年調査では20歳代・30歳代と70歳以上で「自宅と公的サービスの組み合わせ」が４割を超えたのに、60歳代では26・２％にとどまった。60歳代では代わりに、専門の病院が16・４％と高くなっている。２０１２年調査では、60歳代で自宅の回答割合が20・８％とやや低く出ているが、公的サービスとの組み合わせが43・８％とかなり高く、基本的に自宅志向であることには変わりがない。

第五の側面である介護義務を持つと思う人に関しては、第一の側面から第四の側面までよりももっと一般的に、「高齢者の体が不自由になったとき、介護すべき人を１人選んで○をつけてください」

表3-21　年齢別にみた介護「義務」者（1997年調査）

（単位：％）

	20歳代・30歳代	40歳代	50歳代	60歳代	70歳以上	全体
配偶者	69.6	65.6	57.6	48.3	33.3	57.2
息子	–	3.3	3.0	5.0	0.0	3.2
娘	13.0	9.8	18.2	8.3	25.0	13.1
息子の妻	0.0	3.3	6.1	10.0	25.0	6.8
娘の夫	–	–	–	–	–	–
その他家族	4.3	1.6	3.0	1.7	0.0	2.3
親類	4.3	–	–	–	–	0.5
老人ホーム	4.3	6.6	3.0	5.0	8.3	5.0
病院	4.3	9.8	9.1	21.7	8.3	12.2

資料）アンケート調査
注）N ＝ 264

という質問を設け、介護義務に対する規範を問うてみた。この質問に対する全体の回答は、表3－21と表3－22に示すように、まず配偶者に集中した（1997年調査57・2％、2012年調査58・0％）。このこ

表3-22　年齢別にみた介護「義務」者（2012年調査）

（単位：％）

	40歳代・50歳代	60歳代	70歳以上	全体
配偶者	50.0	60.9	56.0	58.0
息子	5.6	6.5	4.0	5.7
娘	11.1	8.7	8.0	9.1
息子の妻	5.6	2.2	12.0	5.7
娘の夫	–	–	–	–
その他家族	–	–	4.0	–
老人ホーム	16.7	17.4	16.0	17.0
病院	11.1	4.3	–	4.5

資料）アンケート調査
注）N ＝ 89

とは、「介護してほしい人」と共通している。ところが、1997年調査で第2位だった娘（13・1％）は2012年調査では老人ホーム（17・0％）に取って代わられた。施設志向が強くなっているとまではいえないけれども、そうした志向も確実に生まれていることは確かなようである。

最後に、家族類型別分析および高齢者の有無別分析で特記すべき点をそれぞれ一つずつ述べておきたい。一つは、直系家族およびその変形（家族類型Ⅲ～Ⅴ）のほうが核家族よりも、自宅介護を続けるための条件として公的サービスに期待しているという点である。というのは、家族内の要介護者に対する介護方針において「自宅介護と公的サービスの組み合わせ」を選択した回答割合は、第1位の類型Ⅳ（42・3％）から類型Ⅲ（37・5％）、類型Ⅴ（33・3％）の順に低下し、核家族ないし単身・夫婦世帯で低くなっているからである。

もう一つは、高齢者のいる世帯が「自宅介護と公的サービスの組み合わせ」に集中する傾向を示すとともに、「専門の施設」や「専門の病院」も高齢者のいない世帯よりも高くなっている。高齢者のいない世帯では、「本人の希望優先」が大きくなる傾向が認められた。

この節では、高齢化と直接かかわる介護のあり方に関する意識を分析した。高齢者介護に関しては、女性自身も含めて、その担い手を女性、とくに妻と考えている傾向が依然として強い。ただ息子の妻（「いえ」の「嫁」）よりも、娘に介護の担い手を求める兆しがみうけられる。息子あるいは娘の夫に介護を求める意識はたいへん微弱である。息子が介護の前面に登場しないのは、息子が母親の介護をすると母親の方に性的羞恥心を含む微妙な心理的圧力が働くので、母親が娘を望みがちだという事情も働いている可能性がある。とはいえ、伝統的な「いえ」意識の下では当然視されていた「扶養共同体」としての家族という認識はほとんどみられなくなっているのに、介護の担い手についてはなお女性に限るという意識が強く残っているといわざるをえないだろう。そのことが公的サービスには一定の期待を寄せながらも、民間サービスにはほとんど関心を持たないことと連動しているように思われる。

5　農村におけるケア施設の強みと課題

第5節と第6節では、農協の高齢者福祉政策がきっかけとなって始まった、社会福祉法人Y会による軽費老人ホーム・ケアハウスとその入居者に焦点をあてる。この節では、福祉施設の物的基盤とマンパワー／ウーマンパワーが制約されがちな農村地域において農協セクターがどのような意図でもって福祉の推進役として登場したのか、またどのように福祉インフラを拡充してきたのか、さらにケアハウスへの入居状況やそこでの活動内容を踏まえて、どのような課題があるのかを考察したい。

社会福祉法人Y会はもともと、JAとうはくの出資による軽費老人ホーム・ケアハウスX園と特別養護老人ホームX園を運営管理する組織としてスタートした。これらの施設は、JAとうはくの貢献なしには生まれなかったといってよい。つまり、ケアハウスX園と特別養護老人ホームX園は、JAとうはくによる農村高齢者福祉政策の具体的な現れだったということができる。現在は合併などいくつかの理由によって、ＪＡセクターはその運営から手を引いているとはいえ、農協主導型の農村高齢者福祉政策の先陣を切った意義は大きい。そこでこの節では、農協主導型の農村高齢者福祉政策の具体例としてケアハウスＸ園を取り上げて、その強みと課題を検討したい。

(1) ＪＡとうはくの「福祉団地構想」とケアハウスの完成まで

公的な高齢者福祉制度において、農村だけに限る特別の枠組みがあるわけではない。もちろん、農林水産省も農業・農村の高齢化に対応していくつかの事業を展開しているが、その設置趣旨からして農林水産省がみずから農村高齢者福祉の中心的担い手となるわけにはいかない。一方、農協は農村地域社会において一定の力量を持つ主要なアクターであり、農村の高齢者福祉について直接関与することが可能である。実際、全国農協中央会（全中）は１９９３年の「こころ豊かな生活を実現する活動プラン」と題する高齢者福祉活動に関する基本方針の樹立以来[14]、単協レベルでの「ＪＡ助け合い組織」の設置やホームヘルパーの育成等に積極的に取り組んできた。また１９９２年の農協法改正によって、特別養護老人ホームおよび養護老人ホームの設置を除いて、農協が高齢者福祉事業を実施できるようになったことも大きい。こうして、農協が農村における高齢者福祉の担い手として大きな期待を寄せられるようになったのである。

ＪＡとうはくがケアハウスをオープンしたのは、上記のような農村高齢者福祉の制度改正が行なわれるよりも前の１９９１年５月のことである。そこに、ＪＡとうはくの先駆性を認めることができるが、経済組織体としての農協にはけっしてなじむとはいえないケアハウスの設置にこぎつけたのは、農協リーダー層の深い認識と指導力があったからにほかならない。JAとうはくは当初、出稼ぎの解消を目指して農業生産の拡大と安定に力を尽くした。それはかなりの成果を上げ、農業粗生産額では旧東伯町が県下トップレベルになるまでに育った。しかし、若者はいぜんとして流出を続け、他方で高齢化が進展していく。こうして、いかに暮らしやすい農村にするかが、JAとうはくの課題となってくる。その一つの方向がカウベル・ホールを中心とする文化芸術活動であり、もう一つの方向が農村高齢者福祉事業だったのである。

その際に焦点となったのが、後継ぎが他出して夫婦だけ、あるいは配偶者と死別して独りで暮らしている高齢者だった。JAとうはくが中心となって、これらの人たちに、「安心して暮らせる楽園を」[15]用意しようという「福祉団地構想」が打ち上げられたのである。それは現在、高齢者福祉において一つのモデルとなりつつあるグループホームの考え方を先取りして、農村流にグレードアップしたものであった。すなわち、集団で暮らす居住区と農園、公園、ガラス温室、工房施設などを用意し、そこで楽しみながら、生涯土と接して暮らす、そんな誇りのある農のライフスタイルを実現しようというものであった。[16]

居住区ではデイサービスやショートステイ機能をも持つケアハウス、特別養護老人ホーム、その他福祉住宅などが計画された。そのころには、農家の独り暮らしだけでなく、旧東伯町全体でも独居老人が増えて100人以上に達していたようである。こうした状況下で、町の予算規模が限られているために、ＪＡとうはくは「福祉団地構想」の実現に踏み切った。当時は農協直営のケアハウスは認められていなかったので、まず事業主体を設立するために１９８９年に社会福祉法人Ｙ会の準備を進め、翌年に認可を受けることができた。おりから、厚生省がケアハウスを含む軽費老人ホーム事業を開始したので、Ｙ会は県下で初めてその補助適用を受け、１９９０年よりケアハウスＸ園の建設にとりかかったのである。竣工は１９９１年5月で、このときからケアハウスＸ園事業（入居者定員50人）が始まった。

この過程では、Ｘ園の用地取得・農地転用と社会福祉法人の設立とが同時進行していたことによる農地法上の問題や厚生省事業の補助残の負担（事業費6億３０００万円、うち国と県が3億円補助）などが問題となった。補助残に関しては、結局ＪＡとうはくおよびその関連企業が負担した。このように、Ｘ園はまさにＪＡとうはくの農村高齢者福祉事業への熱い意気込みの結果として生まれたのである。

その延長線上に、さまざまの施設、機能が追加されてきた。１９９４年4月にはデイサービスセンターを設置し、老人デイサービスＢ型（利用者定員当初15人、現在21人）の提供を始めた。また同年5月には、特別養護老人ホームＸ園（定員は特養ホーム50人、ショートステイ10人、デイサービスＢ型15人）も開設された。特養ホームは１９９８年に増床が行なわれ、入所定員が40名増の90名へ、ショートステイが10名増の20名へと能力の強化が図られた。２０００年には町の委託を受けて、高齢者交流センターの運営に取り組むことになった。さらに、２００2年には、第2ケアハウス（入居者定員30人）の増設を行なっている。

第1ケアハウスの建物面積は約2500㎡、建物は共用部分が平屋で、居住部分が3階建てのコンクリート造りである。1人用44室、夫婦用3室が用意されている。1人用の居室は、広さが6畳相当で、トイレ、洗面所、簡易キッチン、テラス、ナースコール付き電話などが備わっている。第2ケアハウスの建物面積は約1800㎡で、8畳の和室が30室（特別室3室を含む）ある。共用設備としては食堂、浴場、集会室、各種会議室類、運動場などがあり、さらに1haのふれあい農園とガラス温室、工房施設、運動場なども併設されている。

1997年当時のスタッフは施設長1人、職員は社会福祉主事の資格を持つ生活指導員と調理員からなり、合計9人が働いていた。町のヘルパー派遣で2～3人が週に1回程度回ってくるという支援があったとはいえ、併設の特別養護老人ホームを含めると、マン／ウーマンパワーは慢性的に不足気味だった。[17]ところが2012年現在では、次のようにマン／ウーマンパワーはかなり充実したものに変わっている。[18]すなわち、第1ケアハウスだけで施設長（社会福祉主事）、ケアマネージャー、生活相談員、主事、ヘルパー、寮母2人、調理員4人（栄養士兼務も含む）が働いているし、第2ケアハウスには施設長、主事、相談員、ヘルパー、寮母、調理員4人のスタッフが配置されているのである。ほかに、特養ホームとケアハウスの全体を管轄する宿直員が6人おり、2人ずつのローテーション制で働いている。

（2）入居状況や活動内容からみた課題

表3－23は、初期の段階のケアハウスへの出身地域別にみた入所者数を示している。表には掲げていないが、当初の入所者数は20名程度に過ぎなかったそうである。それがしだいに増えて1995年11月現在で42人と定員の8割を超えた。しかし、地元の旧東伯町や周辺市町村の出身者は少数で、むしろ県内の都市出身者と県外の出身者が目立っていた。当初は地元出身者がほとんどおらず、農業振興に尽くしてきた地元の独り暮らし高齢者に「楽園」を提供しようとするJAとうはくの思惑はみごとに外れてしまった。その後、Y会がケアハウスの認識不足を解消するためのPR活動や施設見学会などを積極的に展開し、また保育園や小学校と交流するなかで皮膚感覚

表3－23　ケアハウスX園の出身地域別入居者数（1993～1995年）　（単位：人）

	1993年		1994年		1995年	
	男	女	男	女	男	女
鳥取市	1	4	1	7	1	4
米子市	2	2	1	1	1	1
倉吉市	1	3	1	2	2	2
智頭町	－	1	－	1	－	1
気高町	1	－	1	1	－	1
鹿野町	－	1	－	－	－	－
羽合町	－	－	－	－	－	1
泊村	－	－	－	－	－	1
東郷町	1	1	1	1	1	1
大栄町	1	1	1	1	1	1
東伯町	1	2	1	2	－	4
赤崎町	1	－	1	－	1	5
大山町	－	－	－	－	1	－
名和町	2	1	2	－	1	－
県外	－	7	2	10	2	9
合計	11	23	12	26	11	31

資料）ケアハウスX園資料
注）1993年と1994年は4月現在、1995年は11月現在

表3-24　ケアハウスＸ園の出身地域別入居者数（2009～2011年）　（単位：人）

	2009年		2010年		2011年	
	男	女	男	女	男	女
鳥取市	1	1	1	1	1	1
境港市	－	1	－	1	－	1
倉吉市	1	2	1	3	1	1
湯梨浜町	2	1	2	2	1	2
北栄町	－	2	1	2	1	1
琴浦町	5	23	6	26	4	29
三朝町	－	0	0	1	0	1
県外	－	1	－	1	－	1
合計	9	31	11	37	8	37

資料）第1ケアハウスＸ園の施設長提供資料

レベルにおける認知が広がったことによって、地元の出身者は１９９０年代後半になってだいぶ増えてきた。しかし、それでも県外出身者と同じ程度の水準にとどまっていた。

地元の出身者が入居したがらないという現象は、ほかの農村地区のケアハウスでもいまだによくみられる。そのことは、ケアハウス・システムについての無理解、「老人ホーム」＝「棄老」という偏見、高齢者自身の自宅居住へのこだわりや公の世話になりたくないという感情、後継ぎ世代の「棄親意識」＝家で面倒をみない／みられない後ろめたさ、あるいは世間体の悪さなど、さまざまの要因が微妙に入り混じった結果であるとみてよい。

ところが、その様相は最近になって大幅に変わり、２０１１年現在では琴浦町出身者が表3-24のように男で半分、女で37人中29人の78％を占めるほどになった。県外からの入居者は女が1人だけである。このように入居者の出身地はほとんど地元に変わっている。このことは、上述のケアハウスに対する地元の忌避感情が薄れていることを示すのかもしれない。ただし、農家出身であるかどうかは

表3-25　ケアハウスX園の年齢別入居者数　（単位：人）

	1994年			2009年			2010年			2011年		
	男	女	合計	男	女	合計	男	女	合計	男	女	合計
65歳未満	3	1	4	1	0	1	1	0	1	0	0	0
65～69歳	1	4	5	－	－	－	－	1	－	－	－	－
70～74歳	2	3	5	2	2	4	2	2	4	2	1	3
75～79歳	2	3	5	1	3	4	2	3	5	0	1	1
80～84歳	1	7	8	2	10	12	2	9	11	2	9	11
85～89歳	2	8	10	0	9	9	2	10	12	3	15	18
90歳以上	0	1	1	3	7	10	2	12	14	1	11	12
計	11	27	38	9	31	40	11	37	47	8	37	45

資料）1994年は「JAとうはく」農地開発課S課長からの提供資料、2009～2011年は第1ケアハウスX園の施設長提供資料
注）各年11月現在

不明である。しかし本章第2節で述べたように、アンケートに回答してくれた高齢者のなかでケアハウスに入りたいという回答は1997年調査でも2012年調査でもたいへん少なく、逆に入所したくないという回答が過半を占めていた。それどころか、2012年調査でははっきりと拒否する回答が5割を超えている。だから、農家の高齢者にはまだまだケアハウスなど施設の利用に対する拒否反応が少なからず残っているといえそうである。

実は2012年調査では、JA鳥取中央が提供している通所型の福祉センターを例示し、そうした施設でのデイサービス利用の意向を質問した。その結果、利用者または利用経験者は皆無で、利用なしが84・8％、将来利用したいが15・2％という回答が得られた。ここにも施設利用に対するなじみの薄さと拒否反応が示されている。

入居者の年齢は、表3－25のように80歳以上の女性

が多数を占めている。2012年の平均年齢は男80・2歳、女85・9歳にも達していた。大部分の人たちは入居してから数年以上をX園ですごす。入居者はこの間に着実に年齢を重ね、虚弱化がしだいに進む。ケアハウスの入居条件が、制度上、自活できることとなっているために、虚弱化したり、常時介護が必要な状態になったりするとX園に住み続けることができない。1994年には5人退所したが、その人たちの行き先は別の施設か病院で、家庭に戻った人はいなかった。2010年には第1ケアハウスと第2ケアハウスで合計16人が退所した。その人たちの行き先は特別養護老人ホームが4人、グループホームが2人、老人保健施設が1人、自宅が2人、賃貸住宅が1人、病院・死去が6人だった。この年は自宅と賃貸住宅があったけれども、そうしたケースはあまり多くないという。X園の場合には、特別養護老人ホームを併設しているから、人員に余裕があれば受け入れてもらえる可能性もあるが、必ずしもその保証はない。ここに、通過施設としてのケアハウスの弱点があるのだろう。

となると、元気に暮らせる入居中の生活を充実させることが課題となる。入所の理由は人によってさまざまだろうが、一般に独り暮らし(配偶者の死去、子どもの独立・他出)、加齢、将来への不安、家族関係といったあたりが中心となっている。となると、入居前に住んでいたところでの社会関係が希薄となっている可能性が高い。したがって、ケアハウスX園という新しい空間を小さなコミュニティ=暮らしの場とするための仕掛けが必要となる。それがさまざまの活動行事である。

1995年には、月に3回のショッピング、ビデオ鑑賞会、誕生会などの定期的開催や広報紙の刊行のほかに、花見、山菜狩り、イチゴ狩り、紅葉狩り、クリスマス会など、毎月多彩なイベントが開かれた。また、「歌を歌う会」「手芸」「グランドゴルフ」「麻雀」などの自主的なクラブもつくられていた。さらに、「M保育園」の園児、小学生等との交流、あるいは地元地域社会の祭りや文化祭などを通じた住民との交流も行なわれていた。加えて、ふれあい農園やハウスでの農作業に熱心に取り組む人もいる。そこで栽培したしそをジュースにして販売する取り組みも行なわれていた。ふれあい農園は園児等との交流の舞台にもなっているし、なかには収穫物を子どもに送る人もいた。

２０１０年も、定期的な活動としては１９９５年とほぼ同じ内容の事業が行なわれた。花見や山菜狩り、紅葉狩りなどの屋外活動は農村の強みを活かしているといってよいだろう。入居者の自主的なクラブとしては「浜千鳥の会」（合唱）、カラオケクラブ、「チューリップの会」（キーボード）、絵手紙の会、グランドゴルフの会が作られている。合唱は女性15人、カラオケは男性10人という構成だった。グランドゴルフは月1回であるが、ここには地元からも参加して一緒に練習ができるので人気を集めている。かつてはなかった取り組みとしては、認知症予防のための音読の会や太極拳をあげることができる。こうして、社会的な自立の回復が図られているけれども、いずれも自発的な参加が前提となっていて参加メンバーが固定されるきらいもある。

農園の利用については、園芸福祉的な取り組みとして意義を認めているものの、以前ほど熱心ではなくなっている。２０１２年の農園利用は、第1ケアハウスと第2ケアハウスの両方を合わせて7人くらいが野菜をつくっただけだったし、温室もサツマイモの苗おこしに利用するくらいであとはほとんど利用していない。しそジュースの加工は続けているが、職員が作業するだけで入居者はまったく関与しなくなった。以上のように「農」活動が低調になったのは、施設全体として人手不足であり、職員も忙しいので、手間のかかる外の作業は避けたいという事情に加え、地元の出身者が大幅に増えたために、入居者が園芸活動にあまり魅力を感じなくなっているからである。このことは、農家世帯員がサービス利用者の場合、屋外での農作業はもう結構だという感覚を持つ人がかなり多く、戸外の作業よりも屋内でのゲームやクラフト、カルチャースクール的な活動を好むという研究結果と共通している[19]。

最後に、すでに述べたこと以外の課題について若干付言しておこう。一つは、運営費用と入居者の負担問題である。現在の年間予算は約6000万円で、人件費、食材費、光熱費などに使われる。これらの費用は80％の入居があれば、国の補助金を加えるとほぼ収支が合うという[20]。入居者の利用料は収入によって異なるが、大雑把にいって国民年金でぎりぎり、農業者年金では不足という水準である。したがって、厚生年金なり、個人年金なり、あるいは子どもなどからの仕送りがないと、入居者の経済的自立はおぼつかないことになってしまう。

もう一つは、運動体としての農協が地域社会の発展に貢献するという協同組合本来の役割に照らして、農協が農村高齢者福祉に取り組むことは大いに意義があることといってよいし、むしろ積極的に推進すべきである。ところが、地元の入所者が少ないと、組合員の費用負担によって組合員以外の人を扶養しているという批判が起こりかねない。国の補助金があるからすべてがそうだとはいい切れないにしても、人によっては割り切れない思いが残るかもしれない。とすると、そうした狭い地域意識を抜け出ることができるかどうかが今後問われることになろう。その際に、農村的性格の一つである「相身互い」の考えがポイントになるように思われる。

6　ケアハウス入居者のライフ・ヒストリー

この節では、3人のX園入居者に登場願い、彼ら／彼女らの簡単なライフ・ヒストリーをあとづけ、X園での暮らしと福祉政策に対する希望を紹介していくこととする。聞き取りは1997年12月に実施した。以下の記述は基本的に聞き取り当時のものである。

(1) Aさん（女性）の場合

最初に、何事についても積極的な女性のAさんに登場してもらう。Aさんは、X園がオープンした当初からの入居者である。娘さん、息子さんは東京で暮らしている。日本海側のある島の出身だが、にぎやかな性格で田舎よりも都会が好きだという。その彼女が、田んぼの真ん中にあるX園に入居したのは、夫と死別して独り暮らしになり、自宅で暮らすことが不安になったからである。ケアハウスなら、基本的に生活は自分で設計できるし、外出も自由である。その気があれば、仕事だってできる。それなら、スタッフがそろっていて、看護師さん（特別養護老人ホームと兼務）がいて、しかも仲間ができる可能性のあるケアハウスに住むほうがいい。そのうえ、自分の自由と自立も確保できる。いわば、安くて「看護師つき、食事つきの老人専用アパート」に入るようなものだ。そう考えて、日本でも早い時期にできたX園に完成直後にきたのである。

Aさんは、北朝鮮（朝鮮民主主義人民共和国）で終戦を迎えた。その1年後にようやく日本へ引揚げることができ、生まれ故郷の島へ戻った。故郷の家は、米の配給問屋をしていたので、1、2年ぶらぶらしていた。そのうちに、小学校の教員免許を持っているので、高校の事務で働かないかという誘いを受け、2年間勤務した。この時の事務処理能力がたいへん迅速で正確であるという評価を受けて、県庁で表彰された。しかし、そのころに仕事がなくなってしまい、経理関係の仕事を自宅で始めた。結婚後も、その仕事を続けていたが、出身地の女性教育長から私立学校を開いたので事務を手伝ってほしいと懇請された。結婚をしていたので、夫の了承を受けて1日おきに勤めることにした。7〜8年かけて、その私立学校の経営を軌道に乗せることができた。以後、60歳までずっと同じ私立学校で働いてきたが、理事長が交代するのを機に退職した。退職後は自営業をしていたが、64歳のときに夫を亡くした。それからはしばらく、地獄の底を歩いているような毎日だった。それに加えて、歳をとるにつれて不安が増したので、X園にやってきた。

からだも元気で、足腰もしっかりしており、1時間くらい歩いても平気である。にぎやかなことが好きなので、歌のグループをつくったが、どうも物足りない。それで、町のコーラス・グループへ出かけ、キーボードを弾いたりしている。それは、町の教育委員会にいる友人の依頼にこたえる必要もあったからである。週1回は、昼間、そのコーラス・グループへ出かけている。本当は、娯楽やレジャーだけでなく、点字の講習を受けて福祉関係の奉仕活動もしたいと思う。しかし、講習はだいたい夜間にかぎられている。ところが、Aさんは自動車免許もないし、またX園のあたりは夜間のバスもない。たびたび、職員に送り迎えしてもらうわけにもいかないし、乏しい収入のなかからタクシー代を払うと生活費に事欠くことになる。だから、足の確保ができないまま、講習への出席をあきらめている。移動手段の問題は、入所者の社会的活動意欲を実現するうえで非常に大きな障害となっているとAさんはいう。

そんなAさんにとって、現在の最大の悩みは「仕事がない」ことである。以前、ケアハウスの指導員の紹介で農協に勤めたことがあるが、その時は冷蔵庫に出入りする仕事だったので「冷え」がきつくなって続けることができなかった。それで、行政に対して求職希望、とくに内職の希望を出しているが、斡旋があってもX園に住んでいるとわかると軒並み断られてしまうのである。ケアハウスの居住者では、納期に間に合わなかったり、不十分な仕事しかできなかったりするのではないかと敬遠されてしまうのであろう。十分に働ける能力があっても、ケアハウスの住人というだけで断られてしまう。そのミスマッチを修正する仕組みが必要だと感じている。

なにぶん、恒常的な収入は今のところ国民年金だけで、毎月の施設利用料を支払うとほとんど何も残らない。コーラス・グループや後で述べる社会的役割など、つきあいを広くするとそれだけ出費が膨らんでいく。ここにも、社会的関係の積極的構築をはばむ要因がある。Aさんはさいわい、息子さんがときどき編み物の内職を持ち込んでくれるので、なんとかなっているが暮らし向きは楽ではない。

こうしたいくつかの問題は、けっして個人的領域に限定されるわけではない。ケアハウス、あるいは高齢者福祉そのものを取り巻く諸状況と深く関連している。その諸状況を少しでも改善し、「ああしたい」「こうしたい」という入居者の要望を吸い上げて行政に伝えていくために、Aさんはケアハウス連合の委員を務めている。各地のケアハウスの取り組み例や成果、あるいは残されている課題を提供し合いながら、要望のネットワークを組み上げていきたいと考えている。この役割を引き受けているのも、ほかの人たちとの出会いが持つ楽しさゆえである。

ケアハウスの入居者とつきあっていると、退屈している人が多い。まったく動けないわけではなく、多くの人が動ける程度に応じて何かをしたいと感じている。しかし、ケアハウスだと「両刃の剣」で、至れり尽くせりのところが魅力でもあるのだが、反面で生活能力が低下していく懸念もある。それを防ぐには食事作りであるとか、畑仕事であるとか、「自分たちでしている」という気持ちが実感できる何かをするのがよい。ただ、1人での仕事は疲れるし、若い人たちのなかで働くことにも無理がある。老人の知恵と技を活用できるような「年寄りグループの仕事場」ができれば、何よりも社会参加ができる場所としての意義を持つことになろう。そうした高齢者向けの仕事の創出が行政の役割ではないかと考えている。

高齢者の「何かしたい」という気持ちにこたえるために、たとえば、X園では1畝20mほどの畑を個人が利用できる。そこでしそを栽培し、しそジュースに加工して、X園が運営する国道脇の簡単なスタンドで販売している。[21] そうした取り組みも大事だけれど、Aさんにとってはどうも生きがいにまで高まらないような気がしてならない。もう少しだけ、本格的な加工や国道脇で「おばあちゃんの喫茶店」といったことができないものかと願っている。

もう一つの可能性は、高齢者が高齢者の世話をする「高齢者運営の医療法人あるいは社会福祉法人」である。高齢者であれば、若い人よりも高齢者の気持ちがわかるし、高齢者の知恵を生かす術も心得ている。もちろん、体力の必要な場面では若手の協力が必要だけれども、それでも最近では入浴の介護でさえ、寝たきりのままで湯浴みできる介護機器が登場しているので、きちんとした施設環境さえ整えればかなりの程度までこなすことができるだろう。要は、高齢者の知恵と経験を活かせるような施設の運営とその仕組みをつくり出せるということである。

(2) Bさん（女性）の場合

Bさんは1997年6月で92歳になる女性である。X園に入居して5年目になる。生まれは県内のある都市で、そのままそこで大きくなった。結婚も同じ都市で、30年間近くをそこで過ごした。この間に3男1女をもうけた。

ところが、夫が亡くなったので、それを機に岡山県へ移り、以後、そこで日本髪の美容師、着付け、針子（夏のみ）の仕事をこなして子どもを育て上げた。さいわい、仕事は順調で自宅に美容院をかまえ、7人を雇うほどであった。からだも丈夫で、髪結いや着付けのために、70歳まで婚礼式場に出ていた。その後、自分で直接働くのは針子だけにとどめてきた。

そうした暮らしを40年間続けてきたが、88歳のときにX園に入居することにしたのである。それは、生まれ故郷に居を構えていた長男に近くに住むように誘われたからである。岡山で住んでいた場所は高原地帯だったので、冬の寒さが血圧に良くないという理由だった。長男は、母親が歳もとってくるし、仕事を辞めて楽に暮らしてほしいと望んだのであろう。

ところが、その長男自身がすでに高齢で、当時67歳になっていた。ちなみに、次男は戦死、長女が60歳、三男が定年直前という状況だった。長男は高齢に加えて、心臓を患ってしまった。そのことが結局、長男との同居ではなく、X園への入居を選ばせることとなった。しかも、X園は生まれ故郷に近い。このことも、X園を選ぶ重要な理由だった。こうして、Bさんは店を処分してX園へ移ってきたのである。

X園での生活には満足している。薬に頼らなくても元気であるし、針仕事をしようと思えばできるほど眼も良い。針仕事の方は、長男に止められているのでやってはいないけれど、着物を服に直すくらいのことは趣味としてやっている。その息子も毎月1回は会いにきてくれ、家族の紐帯はしっかりしている。X園での仲間もたくさんいる。現在は事情によって一時中止中だが、以前は、自主的なサークルの民謡や茶道の指導をしていた。茶道は免状を持っている。収入も、店を処分したときのお金や株を持っているし、国民年金と遺族年金も入る。こうして、日々満ち足りた幸せな老後を送っている。

(3) Cさん（男性）の場合

Cさんは、1915（大正4）年生まれの82歳（1996年現在）、男性である。X園に住むようになったのは1996年のことであり、居住暦は短い。

Cさんは近在の町に生まれ、20歳のときに広島県のある都市に出た。はじめは帝人に就職しようとしたがかなわず、一時期は町工場を経営したり、また大半は呉服の行商をしたりして生計を維持してきた。

26歳のときに20歳の妻と結婚した。ところが、1944（昭和19）年に召集され、呉の海兵隊に配属された。同年6月には岩国航空隊に配属され、さらに9月には予科練の訓練を受けた。その最中に、終戦を迎えた。終戦後は呉服の行商に従事するようになり、そのままそれが生涯の仕事となった。だから、足は達者である。

1985年頃には行商を辞め、後は悠々自適の年金暮らしをしてきた。しかし、広島で住んでいた借家を買い取ろうとしたが、折悪しく阪神・淡路大震災で被災した所有者が借家の明け渡しを求めてきたことと、そのころにちょうど妻が亡くなったこととが重なって、1993年に鳥取県に戻ってきた(22)。

妻は東伯町出身であり、自分自身も近くの町の出身である。そこで、妻のお墓も用意し、完全に移住することとしたのである。Cさんが生まれた家は弟が後を継いでいたが、1996年に死亡してしまった。家を出てしまったCさんだから、もとより生まれた家に帰ることはできないが、弟の死亡でほぼ完全に縁が切れてしまった。しかし、Cさんの長女は東伯町の農家へ嫁いでいるし、長男も近隣の町の農協に勤めている。この長男は広島の高校を卒業後、千葉の会社に就職したが、UターンしてCさん一家が住んでいた都市の子会社に戻ってきた。さらに、姉（Cさんの長女）のすすめで農協勤務を始めたのである。だから、その気になれば長男の家に同居することも可能であるが、長男の妻が病弱だし、気楽な独り暮らしの方がよいと考えて、それでも家族の近くにいることのできるX園に入居することとしたのである。

日ごろは、朝5時から6時の間に起床して、掃除・洗濯から1日が始まる。昼間は畑で花をつくったり、草取りをしたりして過ごす。夕方6時ごろに入浴して、食事をとり、テレビを見てから就寝する。好みはニュース、プロ野球、時代劇である。農繁期には、長女の嫁ぎ先から頼まれて、しばしば泊りがけで手伝いに行く。これは最大の楽しみの一つである。冬になって農作業がなくなると、することがなくなるだけでなく、長女の嫁ぎ先に出かけるきっかけが減ってしまう。

Cさんは、麻雀や将棋などの勝負ごとは一切しないし、歌などのクラブ活動も苦手である。だから、とくに冬の退屈な時間が苦手である。それで、バイクを使って、近くに住む甥の長男夫婦などの親類巡りをすることになる。そういう状況だから、X園が開く各種の行事はたいへん楽しみで、心待ちにしている。

収入は国民年金と厚生年金で、年間に１００万円弱になる。掛け金を支払った年限が短いから、やむをえないけれども何とかやっていかざるをえない。できれば働きたい気持ちはあるし、長女の嫁ぎ先に手伝いに行くくらいだから健康には自信があるが、そうそう都合の良い働き口があるわけではない。おそらく、このまま気晴らしの畑や花づくりを続けていくのではないだろうか。

それでも、生まれ故郷の近くに戻ってくることができてよかった。しかし長い間、外に出ていたので知り合いが少なく、社会関係が希薄である。同級生もだいぶ減ってしまっている。ただ、子どもや親戚がいるのが心強い。頼んだことはないが、からだがいうことをきかなくなれば、長男のところで面倒をみてもらいたいし、みてくれるものと期待している。

(4) 小括

旧東伯町では、１９９０年代までＪＡとうはくが中心的担い手の一つとなって農村高齢者福祉活動を展開してきた。もちろん、それは行政の仕事で農協は手を出すべきでないという批判もあった。また、福祉活動のもう一つの中心的担い手である社会福祉協議会からはＪＡとうはくに対する期待とともに、介護サービスの強力なライバルになりかねないという警戒感もあった。現在でも、そうした声はしばしば耳にする。しかし、農協が育成する農家のホーム・ヘルパーは、農繁期に戦力になりにくいという難点があるし、高齢者を含む生涯学習や各種の講習は社会福祉協議会に頼らざるをえない。さらに農協の合併後はＪＡとうはく時代ほど福祉活動に力を入れる余裕がなくなっている。すでにケアハウスの経営からも出資金の返済を受けて手を引き、代わりに統廃合によって空いた一つの支所で機能訓練型に特化したデイサービス施設を経営している。また、ヘルパーの養成講座も手が回らないという理由で開催していない。

こうした変化を伴いながらも、農協と社会福祉協議会、さらにはX園を経営する社会福祉法人や民間施設の福祉活動は拡大してきている。そのなかで、すみわけ（機能分担）と有機的な連携関係、そして競争的協同によって、高齢者の希望にそった支援活動を展開していけるかどうかが重要なのである。農協とか社会福祉協議会とかいった狭いセクショナリズムに固まっていては質の高いサービスを十分に提供できず、経営的にも厳しい状況に陥いることになりかねない。

その点で、ほかの関連施設や幼稚園・保育園、あるいは小中学校などとの交流は重要な役割を持つと考えられる。しかし、その際にも目線を常に高齢者におく姿勢が大切である。この節で述べてきた3人の高齢者はくしくも、X園に近い地域の出身者であるが、旧東伯町外で長年暮らしてきた人たちも多い。全員、達者で積極的ということもあるのだが、単なる交流以上にもっと生産的あるいは社会的意義のある創造的な活動を求めている。

というのは、交流の大切さは重々承知しているが、それが仕組まれることによっていわば「交流の押し売り」に転化してしまうからである。とくに、幼稚園児や小学生との交流は、それが日常生活、あるいは少なくとも定期的な交流でないかぎり、一過性のわざとらしさがつきまとってしまう。善意であるだけに、常に「老人」を演じなければならない。交流を仕組むことは本格的な社会関係の回復に向けたきっかけであり、目的ではない。自発的に交流を求めようとするエネルギーはある。その機会と場所とそして移動の手段が欠けているだけである。交流があれば、新たな要望や刺激が生まれて、高齢者の経済的・社会的・身体的自立とそのことによって確保される生きがい、つまり精神的自立が可能となる。

高齢者にとっては、「1年の重みが（若いときや若者と）大きく違う[23]」。それだけに、農村高齢者福祉政策には、何よりも、上記のような高齢者の要望を速やかにくみ上げて、実現するだけの機動性を組み込んだシステムと柔軟性が望まれている。

注

（１）２００5年と２０１０年は法人化していない経営体数。

（２）生産農業所得統計では合併後の旧市町村分がわからないうえに、２００7年以降は市町村分が試算されていないために、便宜的に２００6年の琴浦町分を表示している。

（３）ＪＡとうはくは１９７6年に「Ｍ保育園」も開設している。

（４）２０１０年の農業センサスでは、年齢別の農業就業人口は掲載されていない。次で述べる耕作放棄地も同様である。

（５）ただし、「嫁」（後継ぎ世代）の他出や、高齢単身・核家族世帯の増加といった家族形態の変化が「嫁」による介護の比率を低下させている可能性も大きい。

（６）春日キスヨ『介護問題の社会学』岩波書店、２００1年、44頁の表1。

（7）春日、前掲注6、14〜28頁を参照。
（8）全国老人保健施設協会編『平成23年版介護白書—介護老人保健施設が地域ケアの拠点となるために—』TAC出版、2011年、66頁。
（9）農民的農業観については、祖田修・大原興太郎『現代日本の農業観』富民協会、1994年を参照。
（10）総務庁『平成8年版高齢社会白書』大蔵省印刷局、1996年、1頁、34頁。
（11）厚生省老人保健福祉局監修『老人の保健医療と福祉』財団法人長寿社会開発センター、1996年、24頁。
（12）厚生省『平成8年版厚生白書　家族と社会保障—家族の社会的支援のために—』ぎょうせい、1996年、117頁。
（13）内閣府『平成24年版高齢社会白書』印刷通販、2012年、33頁。
（14）全国農業協同組合中央会快適な地域づくり運動推進本部「こころ豊かな生活を実現する活動プラン〜JA高齢者福祉活動基本方針〜」1993年4月。
（15）JAとうはく農地開発課のS課長（1997年当時）から提供いただいた「高齢者保健福祉政策事例集」を作成するための資料のなかで用いられている表現を借用した。
（16）残念なことに、「福祉団地構想」はその熱心な推進役であったJAとうはく組合長の死去によって、JAの退職職員によるグループホームの運営を除いてほぼ白紙状態に戻っている。しかし、この構想はなまじのシルバービレッジ／タウン構想よりもはるかに魅力的で、今こそ見直すだけの価値があると思われる。
（17）X園施設長（1997年当時）からの聞き取り。

(18) X園施設長（2012年当時）からの聞き取り。
(19) 原珠里は園芸療法を取り入れている介護老人保健施設で、デイケアに通う人たちとプログラムとのずれを指摘している（原珠里「園芸療法・園芸福祉をめぐる現状と問題点」『近畿中国四国農研農業経営研究』第16号、2007年3月）。
(20) X園施設長（1997年当時）からの聞き取り。
(21) 2012年現在、施設の職員がしそジュースの加工を続けているが、入所者の参加はほとんどない。
(22) 阪神・淡路大震災は1995年に発生しているので、語りの年次と一致しないが、あえてそのままにしている。
(23) X園居住者のAさんの表現。

第4章　農村医療運動と地域ケア

第3章で明らかにしたように、高齢化にともなう最大の不安は健康問題である。つまり、身体的自立の弱体化・喪失が高齢期の暮らしを大きく制約するのではないかという不安である。この不安を軽減するためには保健・医療基盤の保障が必要条件となるし、保健・医療と連動した介護の仕組みがきちんと機能していると、かりに身体的自立が難しくなっても充実した日々を過ごすことができるだろう。この章では、農村特有の疾病構造の克服から始まったJA長野厚生連佐久総合病院（以下、佐久病院）の農村医療運動がどのような過程と努力を経て、地域の健康とウェルビーイングの確保に貢献してきたのかを明らかにする。

1　長寿県長野の福祉的基盤

長野県は、沖縄県と並ぶ長寿社会として知られている。厚生労働省「平均寿命の推移」[1]によると、長野県における男の平均寿命は第2次世界大戦以前からも傾向的に長かったが、戦後も1970年から1980年に神奈川県にトップを譲った以外は一貫してトップの座を維持している。女は男ほど顕著ではないものの、上位グループの一角を占めてきた。1975年から2005年までは沖縄がトップの地位にあったが、2010年には長野が87・18歳となって沖縄を逆転した（表4－1）。長野の女がトップになるのは1935～1936年（51・8歳）以来のことである。2010年には男女ともトップになり、まさに長寿社会の面目躍如といったところである。

平均寿命の長さにはさまざまの要因が影響するが、なかでも食生活・栄養水準や健康への関心・態度は影響の度合いが比較的大きいと考えられる。ところが、長野県は冬の寒さが厳しいこともあって塩分の多い食事を摂取することが多く、高血圧や脳卒中などの疾患を引き起こしやすい。それにもかかわらず、長野県が長寿社会を維持できているのはなぜだろうか。そこには、やはり何らかの理由が存在していると考えられる。

平均寿命を保健・医療の成果を判断する一つの指標と考えれば、長寿社会・長野県の維持は、それにふさわしいだけの保健・医療基盤が存在し、この基盤がきちんと機能してきたからにほかならない

表４-１　平均寿命の長い都道府県（上位５位）の変化

	1980 年		2000 年		2010 年	
	男	女	男	女	男	女
1 位	神奈川 (74.52)	沖縄 (81.72)	長野 (78.90)	沖縄 (86.01)	長野 (80.88)	長野 (87.18)
2 位	沖縄 (74.52)	岡山 (79.78)	福井 (78.55)	福井 (85.39)	滋賀 (80.58)	島根 (87.07)
3 位	長野 (74.50)	香川 (79.64)	奈良 (78.36)	長野 (85.31)	福井 (80.47)	沖縄 (87.02)
4 位	東京 (74.46)	静岡 (79.62)	熊本 (78.29)	熊本 (85.30)	熊本 (80.29)	熊本 (86.98)
5 位	香川 (74.28)	神奈川 (79.55)	神奈川 (78.24)	島根 (85.30)	神奈川 (80.25)	新潟 (86.96)
全国	73.57	79.00	77.71	84.62	79.59	86.35

資料）厚生労働省「平均寿命の推移」(URL：http://www.mhlw.go.jp/toukei/saikin/hw/life/tdfk10/dl/03.pdf)
注）都道府県名の後にある（　）内は平均寿命を表す

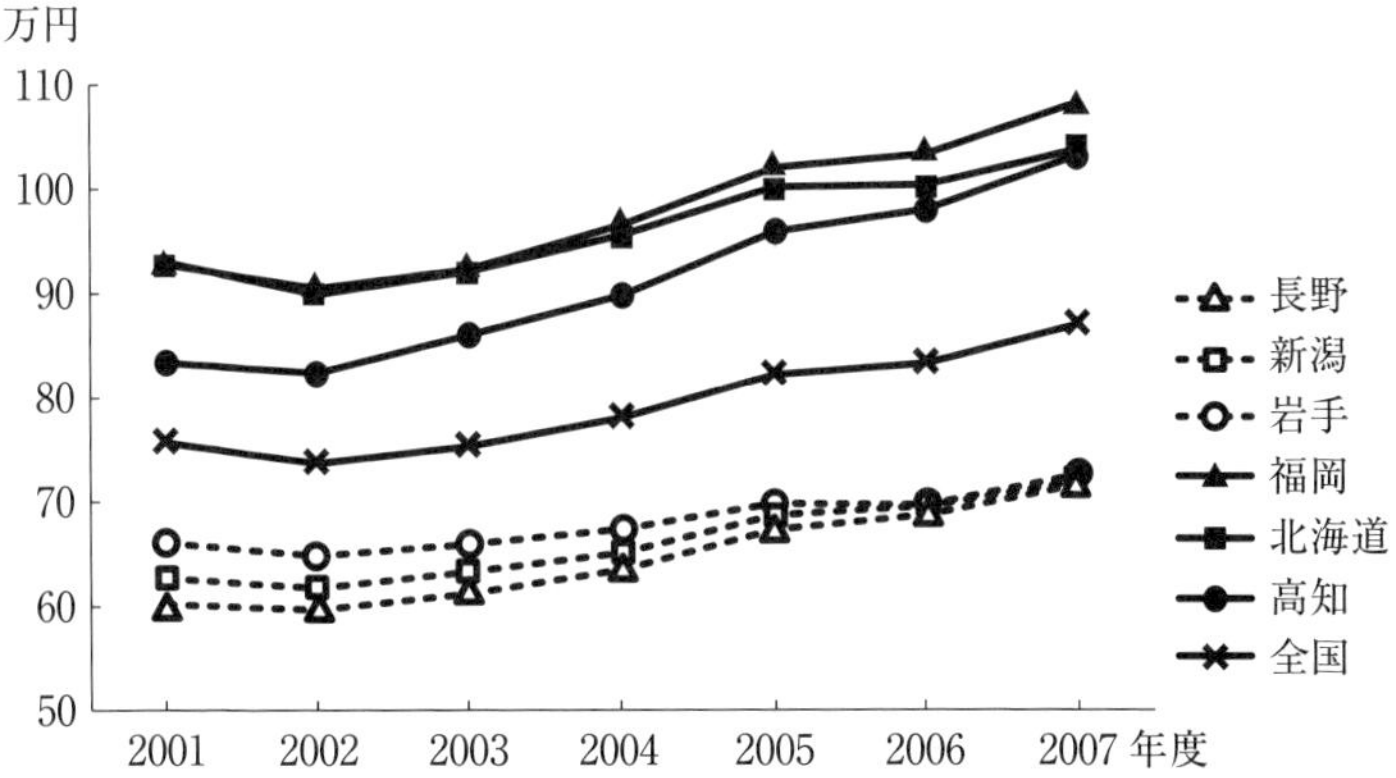

図４-１　都道府県別１人あたり老人医療費の推移

資料）厚生労働省「老人医療事業報告」(2001 年度～ 2005 年度)、「老人医療事業年報」(2006 年度、2007 年度)
注）2007 年度において１人あたり老人医療費の少ない順に３県、多い順に３県を選んだ

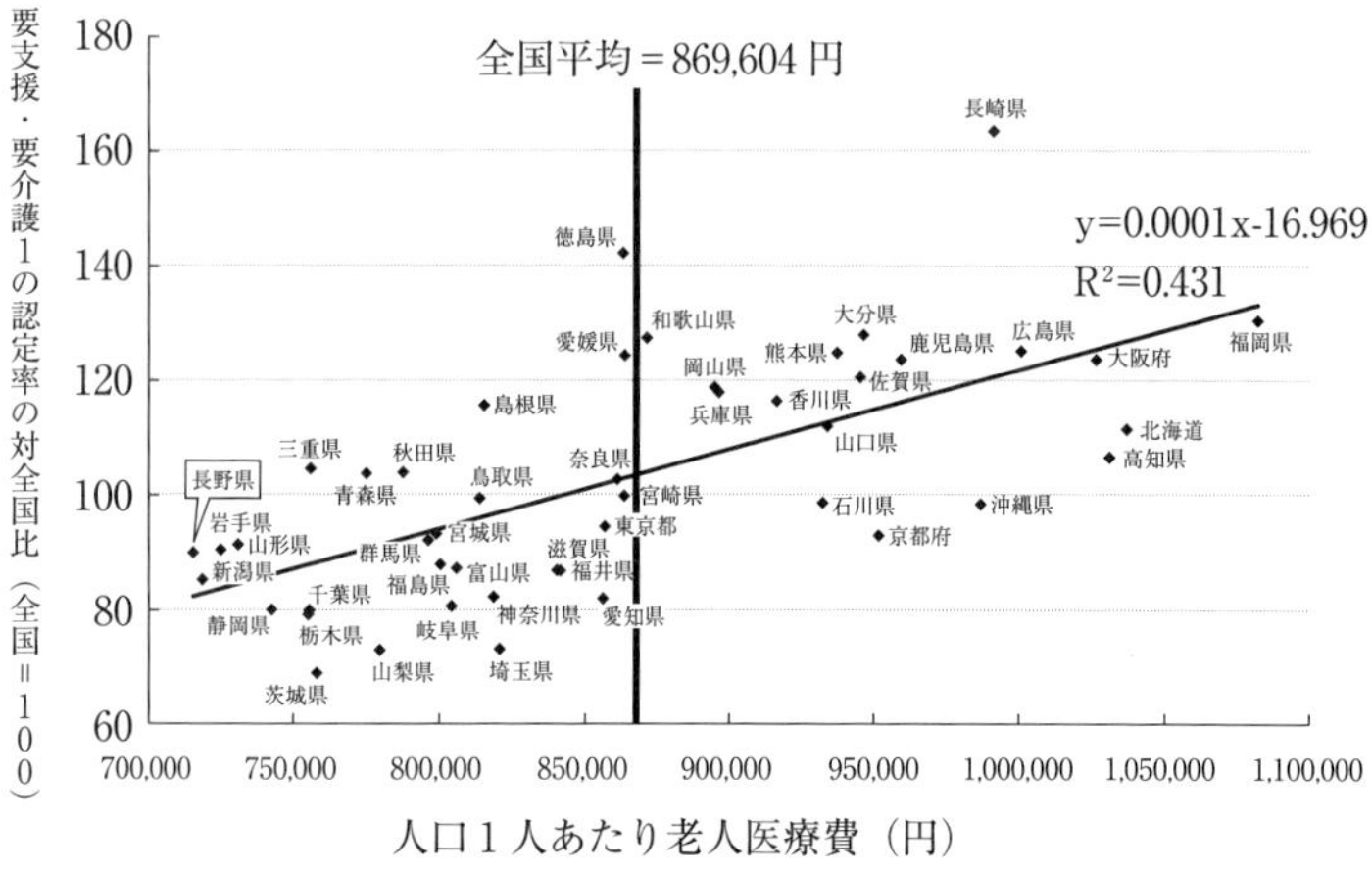

図4-2　人口1人あたり老人医療費と軽度の要介護者の出現率の地域差

資料）厚生労働省「平成19年度老人医療事業年報」、「平成19年度介護保険事業状況報告（年報）」

注）認定率は第1号被保険者数に対する要支援・経過的要介護・要介護1の認定者数の割合

だろう。とりわけ、特筆すべきなのは県民1人あたりの医療費は目立って低いわけでもないのに、老人医療費は2000年代を通じてもっとも低い水準を維持してきたことである（図4－1）。たとえば、2008年に1人あたり国民医療費がもっとも少なかった千葉県のそれは22万7600円だったが、長野県のそれは10位の25万6500円だった。ところが、2007年における長野県の1人あたり老人医療費はもっとも少ない71万6000円だった。

老人医療費の低さは、高齢期における健康が良好であることを示すだけでなく、身体的自立の程度が高いことも意味している。そのため、介護を必要とする人の出現率も低くなると推測さ

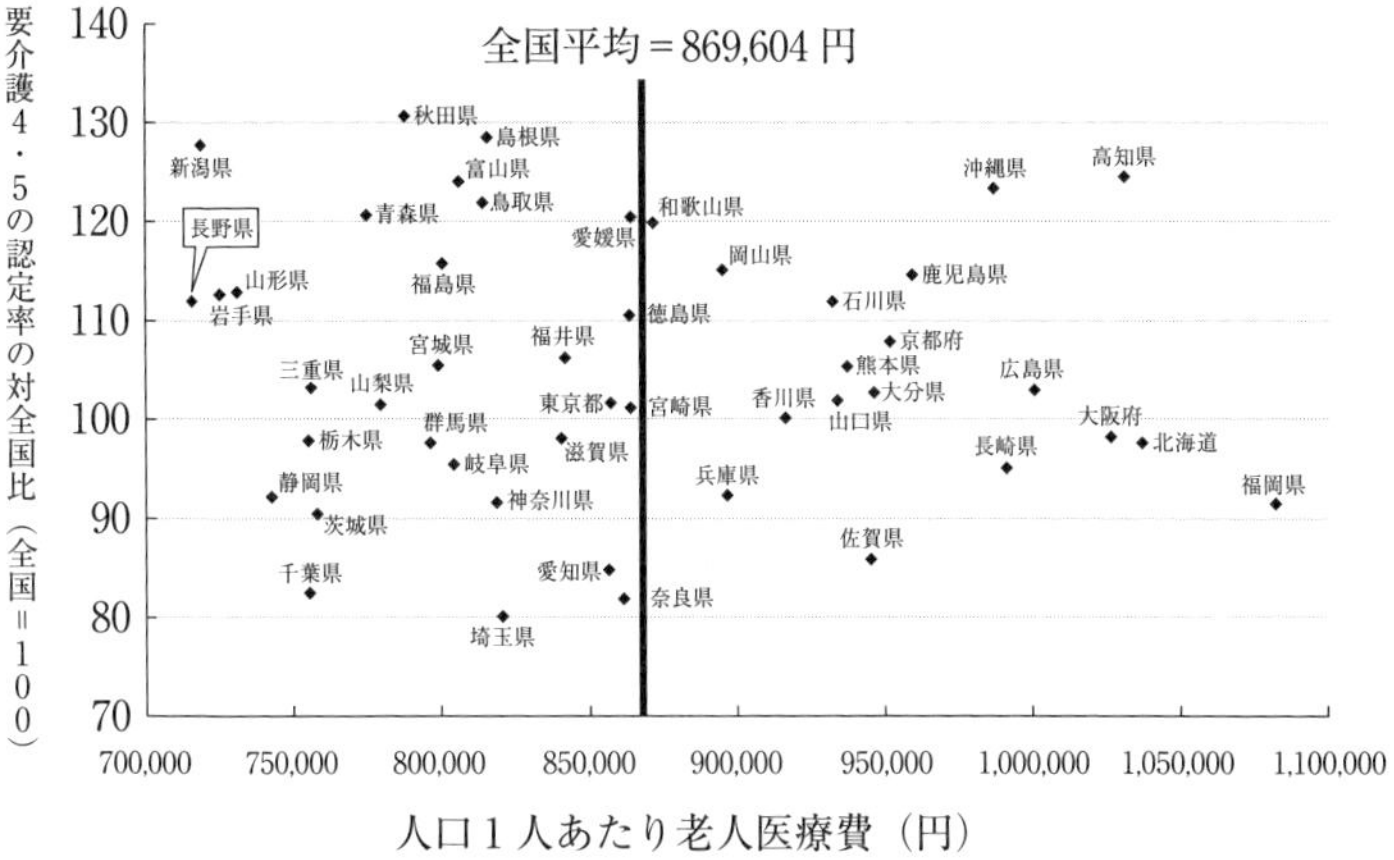

図4－3　人口1人あたり老人医療費と重度要介護者の出現率の地域差

資料）厚生労働省「平成19年度老人医療事業年報」、「平成19年度介護保険事業状況報告（年報）」

注）認定率は第1号被保険者数に対する要介護4と要介護5の認定者数の割合

れる。そこで図4－2をみると、1人あたり老人医療費と軽度要介護者（介護保険制度による要支援、経過介護、要介護1）の認定率との間には正の相関関係が認められる。すなわち、老人医療費が低いと軽度要介護者の認定率も低く、老人医療費が高いと認定率が高くなる傾向が認められる。ただし図4－3のように、1人あたり老人医療費と重度要介護者（介護保険制度による要介護4と要介護5）の認定率との間には相関関係が認められないことには注意が必要である[2]。

2007年版『厚生労働白書』は図4－2と図4－3に示したような保健医療の地域差に注目し、1人あたり老人医療費が低いグループ（長野、山形、新潟、山梨、静岡の5県）の特徴を次のように描き出した。このグループ「の医療関連指標について見ると、ともに病床数は多くなく、平均在院日数も短い。また、入院、外来ともに受療率は低い。さらに、健康関連指標について見ると、いずれも健診受診率が高い水準に位置しており、健康づくりを推進していく上での重要性を示唆している。特にグループ⑥（長野を含むグループ：引用者）は、高齢者就業率が高い、メタボリックシンドロームリスク保有者割合が低い、在宅等死亡率が高いなど、保健医療全般にわたって高い成果をあげており、医療費の適正化を推進していく上で一つのモデルを提供している」[3]。この指摘の中で、健康受診率が高いこと、高齢者就業率が高いこと、在宅等死亡率が高い（在宅介護が多い）ことが、ポイントとなるように思われる。

医療費抑制を目指す医療行政にとっては、低い医療費と少ない病床で長生きし、しかも高齢でも働いている長野県はまさに格好の「モデル」として映ることになるだろう。しかし、長野県がそのような「モデル」に到達したのは医療費を少なくしようとしたからではなく、あくまで住民の健康とウェルビーイングの向上を目指した地域医療と保健活動の結果なのである。「その典型を創り出したのが佐久病院であり、佐久病院と連携して活動した佐久地方の保健活動[4]」だったのである。とりわけ、全村健康管理活動を最初に取り入れた南佐久郡旧八千穂村が大きな役割を果たした。次の節では、この旧八千穂村の取り組みを振り返ってみることにする。

2　長野県旧八千穂村における全村健康管理活動の意義

(1) 旧八千穂村の全村健康管理の仕組みと意義

健康スクリーニングとしての集団検診それ自身はいまや日本中どこでも一般的に行なわれており、ことさら目新しいことではない。しかし、旧八千穂村で集団検診が始まった1959年当時の日本では健診や予防という考え方がきわめて希薄で、その導入はたいへん革新的なことだった。集団検診は少額とはいえ有料だから、村びとたちにしてみれば病気でもないのに、お金を払って医者に診てもらうなんてとんでもないことだった。ましてや、悲しいことながら「病人というものは、なるべく表へ出さず、人目につかない一番奥へ隠しておくというのが……農村のしきたり(5)」で、医者にかかるのは最期の時だけといってもよいほどだった1950年代の農村地域で、集団検診というアイデアを実現に移すには想像を超えるさまざまの困難があったことだろう。

にもかかわらず、八ヶ岳山系に近い農山村の旧八千穂村（2005年に佐久町と合併して現在は佐久穂町）が、全村健康管理と呼ばれる集団検診に取り組んだのである。日本で初めてのことである。全村健康管理の導入が可能だったのにはいくつかの理由がある。第一に、1945年から佐久病院が出張診療をはじめ、診療後に衛生講話や手づくり演劇、あるいは懇親会など村びとたちと知り合う機会を設けていた。第二に、1952年からはこの出張診療が定期的なものに変わり、村びとたちはそこで検診を受けたことがあった。第三に、1953年から3年連続で相次いだ集団赤痢の発生を寄貨として、村行政や村びとたちが保健衛生の改善に意欲を燃やしていた。集団赤痢の発生後、旧八千穂村ではほかの自治体と異なり、専任の環境衛生指導員を基準以上の8人も設置した(6)。この環境衛生指導員が全村健康管理のなかでは衛生指導員になって活躍することになる。第四に、旧八千穂村の行政は1957年に決まった国民保険半額窓口徴収への反対運動を展開したが(7)、そのなかで病気に罹った人が困らないようにするよりも病人をつくらないようにすることの方が大事だと認識するようになった。第五に、何といっても井出幸吉村長と若月俊一・佐久病院長のあいだに緊密な人間関係が形成されていたことをあげなければならない。

若月俊一が全村健康管理を導入しようとしたのは、当時の農村では治療の遅れで死ぬことが珍しくなかったからである。医者は来る患者しか診ないが、むしろ「来ない人或いは来られない人の中にいろいろな問題がある」。だから、医者が「村の中へ出かけて、自分の命が何よりも大事だということを農家の人たちに教え」ることを「『村ぐるみ』で始めたのが八千穂村」だったのである(8)。こうした意図に基づいていたので、全村健康管理は「単に病気を発見すればそれでよいというのではなく、健康をより積極的に増進させていく何かがそこに含まれていなければならない(9)」。それは、運動としての健康教育にほかならない。

図4-4は、運動としての健康教育に重点を置いて整理した全村健康管理の基本的枠組みである。

技術的側面としての集団検診は潜在疾病の早期発見・早期治療を目的とするが、それ以上に衛生知識ならびに健康意欲の向上に向けた主体的な取り組みを促す健康教育が重要である。図では、集団検診の下に書いてある健康手帳も、単なる検診データの記載ではなく、健康教育の重要な手段なのである。というのは、健康手帳には職業、住居、食生活、生活環境などさまざまの事柄を自分で書き込むことになっているからである。その作業は健康への自覚を促す効果を持つので、いわば参画型・気づき促進調査として特徴づけることができる。

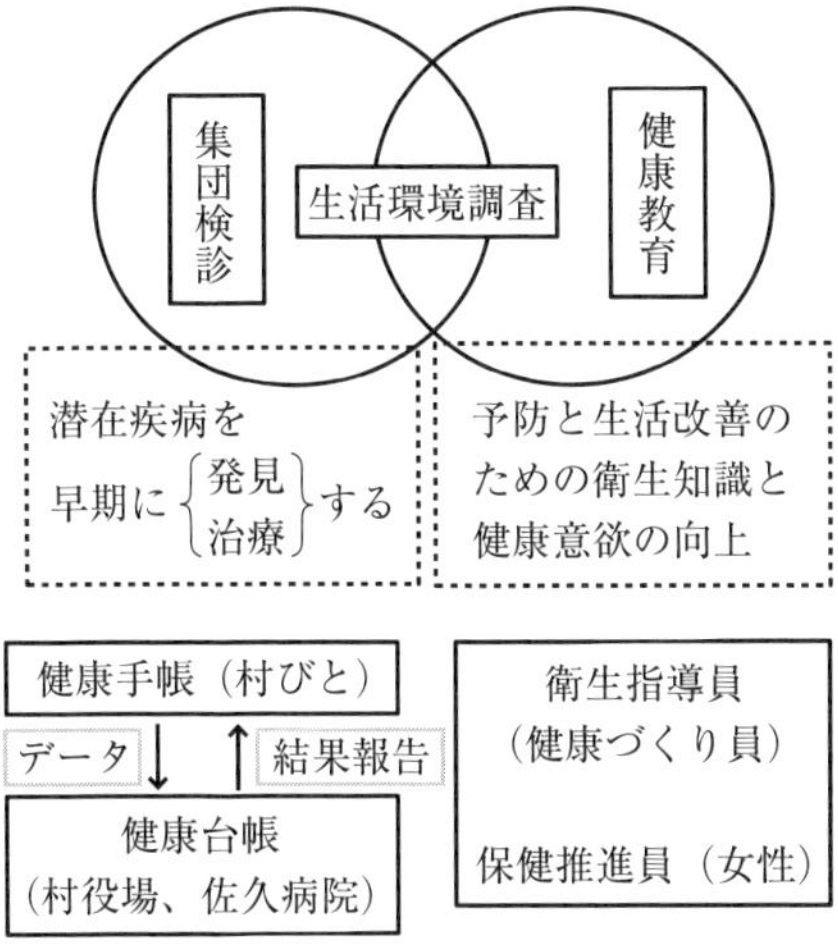

図4−4　全村健康管理の基本的枠組み

資料）小林由佳・小林洋平「全村健康管理のしくみと内容」JA長野厚生連佐久総合病院『健康な地域づくりに向けて　八千穂村全村健康管理の五十年』JA長野厚生連佐久総合病院、2011年、43頁の図1に、同書のほかの記載、松島松翠・横山孝子・飯嶋郁夫『衛生指導員ものがたり』JA長野厚生連佐久総合病院、2011年などを参照して筆者加筆

健康手帳の情報は検診後の健康相談の場で活用される。潜在疾病の発見だけが目的であれば、異常がみつかった場合に受診を勧める通知を出せば事足りる。ところが、健康はさまざまの要因に左右されるので、それだけでは根本的な解決にならない。健康相談の場では、この複雑なからみ合い

を健康手帳の記載と話し合いのなかから解きほぐしていく。さらに特筆すべきは、個人ごとの健康台帳だけでなく、世帯単位、集落単位に健康台帳をまとめ直すというたいへんな作業も取り入れたことである。健康は個人の問題なのではなく、家族や村の暮らし、さらには社会的な領域とも深く関連している。3種類の健康台帳は健康をめぐる活動の社会的・空間的拡大を意味している[10]。こうして、村びとたちは何が問題なのかに気づき、社会との絡みのなかで暮らしを自発的に組み替えようとする態度が生まれてくる。ここに、全村健康管理の最大の意義がある。このような健康への態度を養うという視線は、技術偏重になっている現在の健康スクリーニングが大いに学ぶべき点であるといってよい。

全村健康管理のもう一つの特徴である衛生指導員（2005年の町村合併後は地域健康づくり員および女性の健康づくり推進員、現在は保健推進員）の配置も、主体的な健康づくりにむけた運動的側面の表れである。衛生指導員は村びとたちのなかから選ばれた保健リーダーで、村長（合併後は町長）の委嘱という公的な位置づけを与えられている。初期の衛生指導員は佐久病院のスタッフから研修を受けるとともに、集団検診の受診率向上やその準備運営に多大な貢献をした。彼らは全員が青年男性で青年団に属していた。青年団のような地域組織を母体としていたこと、健康管理が「男性の仕事」として認知されたこと、地域を熟知した住民スタッフが健康管理の意義を十分に納得していたこと、隣人の真剣な勧めが集団検診への参加意欲を高めたことなど[11]、衛生指導員についても多くの意義と学ぶべき点が存在する。

衛生指導員は現在もさまざまの役割を果たしているが、その晴れ舞台となっているのが健康まつり

（現在は福祉と健康のつどい）である。健康まつりは毎年秋に開催される一大イベントで、福祉と健康関係の団体・組織の活動紹介と並んで、衛生指導員による地域健康学習会（地区ブロック会）の成果や演劇が目玉となっている。それぞれの地区ブロック会では、衛生指導員（地域健康づくり員と保健推進員）が自分たちでテーマを決めて、保健師や佐久病院の支援を受けながら1年間かけて自主的に調査研究を行なう。地道な学習活動と晴れ舞台の発表によって、衛生指導員の能力は飛躍的に高まり、そのことが地域の保健リーダーとしての信頼を揺るぎないものにしていく。この自己学習、能力向上、信頼の強化という連鎖それ自身の蓄積が、全村健康管理運動の中心的なアクターとしての衛生指導員のバックボーンを構成しているのである。

（2）県域への健康スクリーニングの拡大と特定健診への対応

全村健康管理は旧八千穂村に続いて、１９６５年には北信病院が木島平村で実施するようになった。その後、１９７３年には長野県厚生農業協同組合連合会（ＪＡ長野厚生連）が佐久病院に厚生連健康管理センターを付設した。このことによって、全村健康管理は長野県全県に広がることになった。ほかの市町村では健康管理を実施していなかったので、とくに農協婦人部を中心に旧八千穂村のような集団検診を受けたいという要望が農協に寄せられるようになった。しかし旧八千穂村の22集落だけでも３カ月近くかかるので、それほど簡単に実施に踏み切るわけにはいかなかった。その状況を変えたのはオートアナライザー（血液自動分析装置）とコンピューターの導入だった。この技術革新は分析時間を大幅に短縮し、しかも初期の全村健康管理では不十分だった検診項目（肝機能、血糖、コレステロール、農薬中毒対策としての血清コリンエステラーゼなど）を補うことも可能とした。

そこで、JA長野厚生連はこれらの施設を備えた健康管理センターをつくり、同じく1973年度に始めた「組合員の健康を守る運動」の具体的表現として集団健康スクリーニング（通称ヘルス）を全県的に実施することにしたのである。もちろん実際の運営には市町村との協力が不可欠であり、農協と市町村の連携の下にヘルスが全県下に拡大していった。また後にヘルスが老人保健法の対象となったことも、市町村との連携を促進した[12]。

ヘルスは各地区を巡回して検診を行なうため、村びとたちはわざわざ遠くまで出かけなくてもよかったし、また医師の診断だけでなく保健師による健康相談と後日開かれる結果報告会があるので健康への意識づけがしやすいという利点があった。とくに健康相談と結果報告会は、効率性のよい分析機器を使うことでヘルスが実施できるようになった反面、医師や保健師との距離が疎遠になりがちだという懸念を払拭するように作用した。ヘルスになっても、旧八千穂村の全村健康管理の精神が維持されているということができるだろう。

ヘルスを軸とする健康づくりにとって、大きな転機となったのは、2008年に始まった特定健康診査（特定健診）・特定保健指導、いわゆるメタボ健診である[13]。メタボ健診以前には、企業の健保組合や共済組合の扶養家族であっても、地元自治体による国保ベースのヘルスを受けることができた。それなのに、特定健診・特定保健指導制度は医療保険者ごとに実施することが義務づけられているの

表4-2　特定健診導入前後の佐久穂町における町検診の受診率

	2006年	2007年	2008年	2009年	2010年
18歳以上人数（人）	11,151	11,087	11,015	10,930	10,815
ヘルス、町民ドック受診数（人）	2,497	2,791	2,506	2,568	2,387
受診率（%）	22.4	25.2	22.8	23.5	22.1

資料）佐久穂町健康福祉課からの提供資料、各年度3月31日現在

で、検診を受けるためにはわざわざ医療保険者の指定する医療機関まで行かなければならない。しかもヘルスでは同時に行なわれていたがん検診も別に実施しなければならないことになった。つまり、メタボ健診はヘルスで培ってきた地域保健の仕組みを、職域保健と地域保健に分断してしまうものだったといってよい。

だから、受診率の低下やがん発見の低下に危惧を抱いた地方自治体は独自の対策をとることになった。JA長野厚生連は特定健診に含まれている項目だけでなく、ヘルスで網羅してきた検査項目もサービスで実施してヘルスとの連続性に配慮した(14)。ヘルスの出発点となった佐久穂町でも、町民なら保険の種類に関係なく、だれでも安くかつ手軽に検診を受けることができる体制を引き継ぐことができるように国保加入者以外でも町のヘルスと町民ドックに対する受診費用の助成を継続することにした。その結果、特定健診の導入後も、表4－2のように受診率を維持することに成功している。特定保健指導は対象者が国保加入者だけであるが、その対象者には予防教室事業で健康教育を行なっている。特筆すべきは、この事業では対象者だけでなく、国保と国保以外の区別をせずに、ヘルスと町民ドックの受診者をすべて対象としていることである。こうして、佐久穂町ではメタボ健診の衝撃を受け止め、

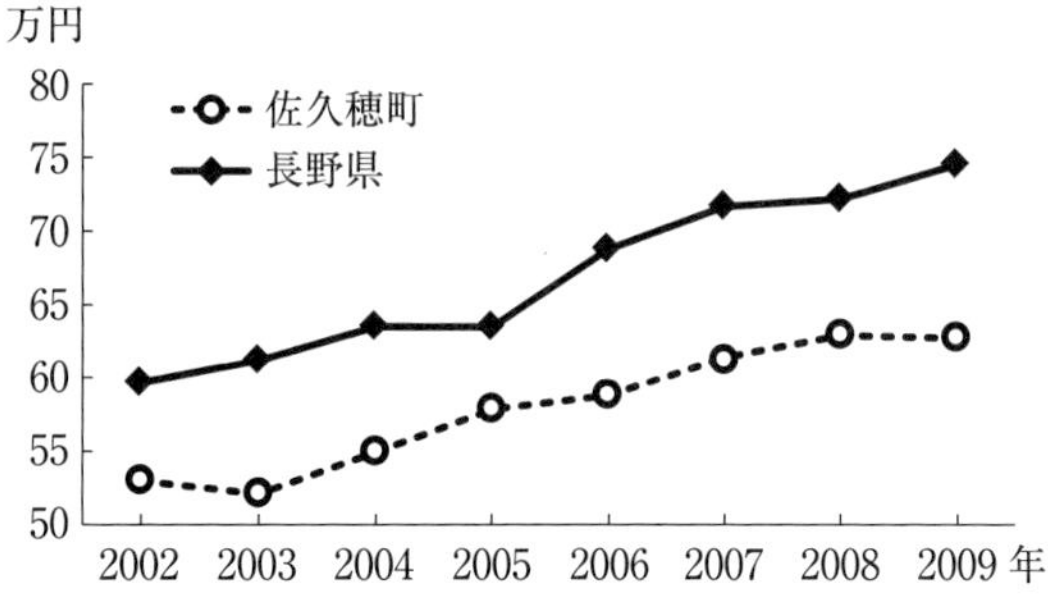

図 4-5　長野県と佐久穂町における１人あたり老人医療費の推移

資料）佐久穂町『健康づくりのあゆみ　笑顔があふれる佐久穂町をめざして』2011 年

なんとか地域を単位とした健康づくりの仕組みを維持しているのである。財政負担をしてまで地域健康づくりにこだわるのは、そのことが住民のウェルビーイングに直接結びつくからであり、同時に医療費の低減にもつながるからである。実際、佐久穂町の1人あたり老人医療費は、図4-5のように、全国でもっとも少ない長野県平均を常に大きく下まわってきたことは大いに評価されてよいだろう。

ヘルスは地域住民全員を原則的に対象とするポピュレーション・アプローチに基づくのに対し、メタボ健診は一定基準以上の人たちをハイリスク・グループとしてとらえ、集中的に指導を行なうというハイリスク・アプローチという考え方に依拠している。しかしハイリスク・アプローチの効果はほとんど否定されている。「イギリスでは、『壮大な無駄』とまで言われ(15)」ているようだ。それに対して、リスクが集団全体に広く分布している場合にはポピュレーション・アプローチが有効である。ウェルビーイングの大前提は医療と保健がきちんと機能し、身体的自立を支えるケアの仕組みが整えられていることである。その意味では、特定グループを対象にする方式の検診よりも、まんべんなく地域住民を対象にするヘルスの方が福祉の視点からは有効だといえるだろう。

3　農村医療運動と佐久病院の展開

長野県佐久地方（臼田町、南佐久郡を含む）は、佐久病院の初代院長・若月俊一の名とともに、農村医療運動という独自の活動によって著名である。前の節で述べたように、佐久病院では農村の健康管理活動に積極的に関与してきた。それは、地域の健康づくりが農村医療運動の重要な一環をなすからだった。この節では、佐久病院の再構築問題が浮上した１９９０年代後半までの農村医療運動の展開過程と佐久病院の役割に焦点をあてる。

川上武によると、医療は六つの構成要因を含む[16]。すなわち、有形・無形の医療技術、疾病構造、医療制度・医療機能・社会復帰・治療機関などの技術システム、医療費と保険制度に関する医療保障、医薬品や医療機器などの医療産業、社会的要因の六つである。表４-３は、そのうちの疾病構造、技術システム、社会的要因の三つについて、佐久病院の展開過程を４期に分けて整理したものである。なお、表中の時期は若月俊一による区分を採用している[17]。以下では、この表に基づいて佐久病院の農村医療運動の変遷を検討しよう。

第Ⅰ期は、第２次世界大戦直後の混乱期のなかで佐久病院がその基礎を固めていく時期である。戦

表4-3　佐久病院再編問題発生までの農村医療運動

時期	疾病構造	技術システム	社会的要因
第Ⅰ期 (1945〜54年) 戦後混乱期	胆虫症、寄生虫、「こう手」、ひょうそ、冷え、肩こり、筋肉リューマチ、結核	若月俊一、飯島貞司赴任(1945年) 外科、産婦人科、伝染病棟、成人病棟、小児科、出張診療、田口分院、小海分院	農地改革、農村民主化、過労と気がね、貧困、因習
第Ⅱ期 (1955〜72年) 高度経済成長期	胆虫症、「こう手」、冷え、農業機械事故、農薬中毒(急性、慢性)、耕耘機流産、ハウス病、人畜共通伝染病	神経科、カリエス病棟、整形外科、心臓外科、胃腸科、泌尿器科、がん治療機材導入、成人病センター、全村健康管理(旧八千穂村)	高度経済成長、農業基本法、農業の機械化・化学化
第Ⅲ期 (1973〜86年) 低成長期	成人病、老人慢性疾患、高度医療、農業機械事故、農薬中毒(急性、慢性)	へき地中核病院の指定(1981年) がん診療センター、人間ドック、臨床病理部、CTスキャナー、成人病棟増床	オイルショック、医療費抑制政策、老人保健法制定
第Ⅳ期 (1987〜96年) バブル経済とその崩壊	成人病、老人慢性疾患、高度医療、高血圧、脳卒中、リハビリテーション	老人保健施設設置(1987年) 24時間在宅ケア体制(1988年)	高齢化の進展、要介護老人問題、老人保健福祉計画

資料) JA長野厚生連佐久総合病院『佐久病院40年のあゆみ』、若月俊一『村で病気とたたかう』岩波新書、1971年、若月俊一・清水茂文『医師のみた農村の変貌』勁草書房、1992年など

後改革が遂行中であったとはいえ、なお「貧しく封建的な農山村」[18]には特有の疾病構造が蔓延していた。これに対応して農村医療が確立されていく。この時期は、１９４５年３月に東大卒の青年外科医若月俊一が佐久病院に赴任した時からはじまる。[19]佐久病院はもともと、産業組合運動のなかで１９４４年に農業会立として設置された。農村における貧乏→過重労働→病気→貧乏加速という下方向へのスパイラルの克服が目的だった。とはいえ、若月の赴任当時、病院とは名ばかりで、佐久病院の医療スタッフも医療施設もきわめて不足していた。東京帝大社会医学研究会に属したことのある若月にとって、佐久病院は自分の理念を体現するまさに格好の舞台であった。終戦後、戦中の工場災害研究会のメンバーであった飯島貞司らも佐久病院に集まってくる。ここに、産業組合運動の遺産と社会医学運動とが結びつき、農村医療運動という新しい領域が生み出されていくことになる。

農村医療運動とは農村固有の病気を治療するだけでなく、その背後にある社会構造・生活環境まで踏み込んだ予防医学を、農民自身の暮らしに内面化する運動であるといえる。この運動はすぐれて多面的・実践的であるとともに、科学で裏打ちされねばならない。ここに、農村医学の成立根拠がある。１９５２年の第１回日本農村医学会で、若月が会長として挨拶したように、農村医学は「あくまでも農民の生活をよくし、その生産を増進させ、その生命を守るための学問である」[20]。

当時の農村では、多くの農民が胆石ならぬ胆虫症や、過労による手首の腫れ・痛み、ひどい時には腱断裂に至る「こう手」などに悩んでいた。胆虫症とは胆嚢や胆管に回虫が詰まってしまう病気である。「こう手」は過酷な労働の集中・継続によって発生する典型的な農繁期病だった。また家屋の構造や農村の気質に起因する「冷え」、あるいは「我慢病」や「気がね病」が社会的に潜在していた。前述のように、病気はできるだけ隠し、最期の時にしか医者にはかからないというのが農村の実情だったので、体調が悪くてもそのことを口にすることがはばかられ（「気がね」）、「我慢」し続けることで手遅れになることが少なくなかった。

これらの「農夫（婦）症」あるいは「農村症」が１９５０年代の農村医学の主要テーマにすえられ、農民自身の立場からの医学的、公衆衛生学的、社会政策的な改善方向が模索された。「農夫（婦）症」は農業生産、農家生活、農村生活のあり方すべてに規定される。したがって、健康意識の涵養が重要な対策となる。そのために、無医村への出張診療とセットになった農村演劇や病院祭のような文化活動、あるいは地域青年を対象とする夜間講座が開始された。なお、食糧難のこの時代に、いち早く病院給食を開始したことも付言しておくべきだろう。

第Ⅱ期は、高度経済成長下における病院の拡大期である。農民・農村のニーズを満たすためには、それに対応できるだけの治療施設と医療技術が必要である。この時期には専門病棟が続々と作られて、佐久病院は総合病院化する。また、手術・病理・麻酔・検査・給食・巡回診療・健康管理・在宅ケアのシステムが形成され、他方ではコバルト60用アイソトープやベータートロンなどの高度ながん治療機材が導入される。

１９５０年代半ば過ぎには、新たな医療領域が生まれる。すなわち、農業機械事故と農薬中毒事故である。農業基本法が１９６１年に制定され、生産性格差是正のための農業構造改善が農政の中心課題となった。これにともない、機械化・化学化が急速に進んで、農業災害が頻発してくるのである。佐久病院では１９５６年から農業外傷問題に、１９６２年から農薬中毒事故に対して組織的に取り組むようになった。１９６３年には農村医学研究所が病院に付設され、農薬問題を専門に扱うようになった。農薬問題は急性中毒からしだいに慢性中毒、食品残留へと対象領域が拡大されていく。ちなみに、１９６４〜１９６６年には31例の患者が治療を受けた。また１９６５年の調査によると、農薬中毒の発生率は男23・６％、女21・５％に及んだ。しかも、南佐久における１人あたりの平均年間中毒回数は２・４回という驚くべき実態であった。

農業機械事故と農薬中毒に加え、出稼ぎ・兼業化による主婦の農業従事と過労が耕耘機流産やハウス病などの産業病を生むようにもなってくる。現場から医療を考える農村医学の立場を貫けば、生産構造までも視野にいれざるをえなくなる。ここから、のちに佐久病院が有機農業と積極的にかかわっていく流れが誕生する。

さらに、農村医学の運動的側面である予防医学の啓蒙は、第５章で詳述するように文化活動の継承と出張診療の徹底という形で進められる。文化活動は、劇団部による演劇から視聴覚教育班によるスライドへ、さらに映画班による映画作成・上映へと変化していく。ことに、映画はドキュメンタリーとして、群を抜く水準にまで達した。出張診療（全村健康管理、ヘルス・クリーニング）は、病院従業員の全面的協力はもちろん、村行政、保健所、地元医師会、農協などと結びつくことなしに成立しない。この取り組みは、まさに地域医療の出発点であったといえよう。

第Ⅲ期は低成長期に入って、老人医療費有料化など医療費抑制政策が採用されるなかで、佐久病院の再編が進められる時期である。佐久病院は、1981年に「へき地中核病院」に指定され、南部佐久地方にある町村の診療所へ医師を派遣する役割を担うようになる。同時に、がん診療センターや人間ドック専門棟を設け、さらに翌年には成人病棟を増設して総ベッド数が1000床を超える県下有数の病院となる。名実ともに、県下の中心的高次医療施設となった。

地域医療は当事者性の高い現場の医療であり、そこでは総合医療、在宅ケア、健康管理といった一般医的技量（プライマリ・ケア）が求められる。ところが、高次医療は専門分科した臨床医療であり、より高度な技術と絶えざる研究に裏打ちされた専門医的技量を持たねばならない。ここに、佐久病院は地域医療機関化と高次医療機関化の相矛盾する二つの方向を内包することになる。すなわち、地域の中核病院として求められる性格と県下の中心病院として備えるべき基準との乖離である。もちろん、高次医療は地元住民の一つのニーズである。しかし、一人の医師が二つの方向を同時に担うことは難しいし、医師としては高次医療に携わりたいという「本能的欲求」を抱きがちである。「戦後生まれの医師たちが主流を占める佐久病院では、若月の話はすでに昔話の領域に入ってしまっているため、その本質が理解されにくくなって[21]」きたのである。

第Ⅳ期は、病院の「競存」がいっそう強く求められ、新たな方向を模索しなければならなかった時期として位置づけられよう。医療費抑制政策が続くなかでは、好むと好まざるとにかかわらず、病院間の競争を意識しつつ、地域医療をどのように維持強化していくのかという課題に直面せざるをえなかったのである。この時期に明らかになってきた最大の問題は高齢化の進展である。佐久病院では、老人保健法の改正によって設置できるようになった老人保健施設についていち早く対応することを決め、1987年には開所にこぎつけている。翌年からは医師6人、看護師25人、作業療法士（OT）等からなる在宅ケア委員会をつくり、佐久市、臼田町、佐久町、小海町、八千穂村を対象とする24時間在宅ケア体制を構築してきた。さらに、川上・南相木・北相木・南牧の南部4村における在宅ケア事業への協力体制が組まれている。これらが、在宅ケア活動の3本柱をなしている。

その目的は、在宅ケアと施設ケアを組み合わせて「共倒れを防ぎ、無理の少ない、長続きのできる在宅介護(22)」の確立によって、要介護老人の帰れる家庭と地域を取り戻すことにある。ホームヘルパーやボランティアの少ない佐久地方のようなところでは、行政・中核病院・中小病院・開業医・保健師など地域との結合が必須である。しかし、佐久病院でさえも、その当時は在宅ケアが全体の共通課題となっていたわけではなかった。この状況についてどのように対応していったのかは、次の節であらためて述べることとしたい。

以上のように20世紀後半において、佐久病院は農村医療運動を基礎におきながら着実に発展を遂げてきた。図4-6のように、1950年に外来患者5万1000人、入院患者2万7000人だった地方の小病院は、第Ⅳ期の終わりである1996年には外来患者53万4000人、入院患者30万6000人を数える大病院に育った。このことは、農村の現実と農民のニーズにこたえる一方、経営的にもまずまずの成功をおさめてきたという意味で、理念と現実の巧妙な結婚を反映している。農村

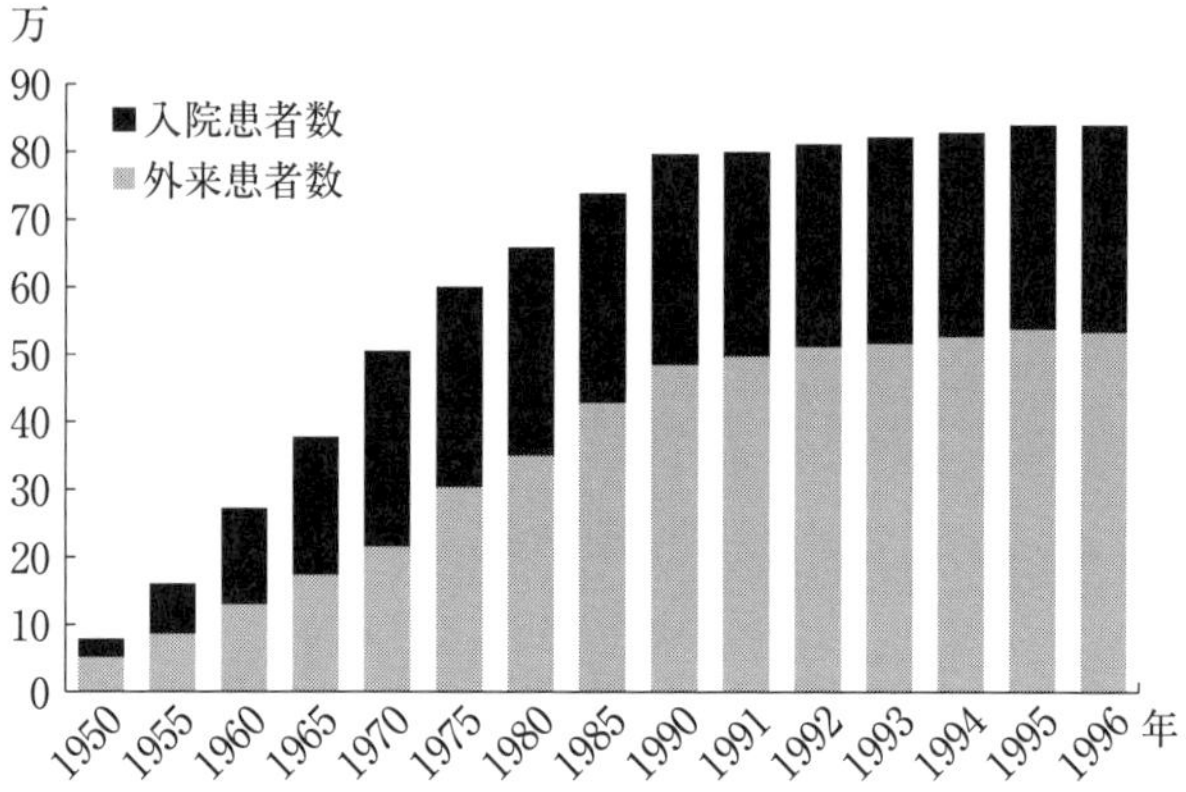

図4-6　佐久病院の患者数（設立時～1996年）

資料）JA長野厚生連佐久総合病院「病院年報」1999年度

医療運動の実践が地域医療における生活知と高次医療における科学知を相互媒介し、佐久病院が研究のための研究、利潤のための医業に転化することを防いできたといってよかろう。

とはいっても、『村で病気とたたかう』で触発された若き医師たちも１９９０年代にはすでに多数派でなくなっていた。農民とともに農民との共感のなかで医療を展開するという「理想の医療」が転機を迎えていたことも事実である。そこでの課題は、「『農民個人の医療』から今後はきびしく『農村社会の医療』に移」り、「『農村医学』が地域社会自体の発展の仕事と結びつ[23]」く地域医療の確立・発展である。佐久病院が県下一円・隣県から患者が来る大病院になったとはいっても、なお患者の85％は南北佐久郡を含む佐久地域の住民である。しかも、対象がぼやけがちな住民一般ではない。健康と医療とノーマライゼーションを求める高齢者である。そこで、従来以上に医療・福祉・保健のネットワーク・システムを緊密化し、そこから地域社会への参画を強化していくことが佐久病院にとっての課題だと考えられたのである。これが地域ケア科の設立に結びつくことになる。

4　農民たちの介護意識と地域ケア

（1）村びとたちの介護意識

地域ケアを考えるうえで、村びとたちがどのような介護意識を持っているかは重要な前提となる。そこで、資料としてはやや古くなるが、1993年7月・8月に旧臼田町の3集落で実施したアンケート調査のなかの福祉に関する意識を最初に紹介したい。110戸の農家に留置式で配布し、それぞれの世帯でできるだけ男女各1名に答えてもらった。回収数は男89人、女83人だった。質問項目は親の生活費の負担方法、結婚後の親との同居意向、親が寝たきりになったときの世話の方法の三つである。男女別、年齢別、家族類型別に分析を行なったが、そのうちで比較的グループ間の違いが大きいもののみを図示して説明することにしたい。

まず「歳をとった親の生活費の負担方法」については、回答者全体の57・0％が「子どもたちみんなの分担」を選択し、「後継ぎが1人で負担」するという回答は13・0％にとどまった。性別と家族類型別ではそれぞれのグループ間に顕著な差は認められなかったが、年齢別では若い年齢層ほど子どもで分担という回答を選択する傾向が強く、歳をとるほどその他（年金や自分で用意）が増え、子どもたちの経済的負担を減らそうという意識を読み取ることができる（図4－7）。

次に、「結婚した後継ぎの居住形態」については「できるかぎり親と同居」（38・7％）と「常に行

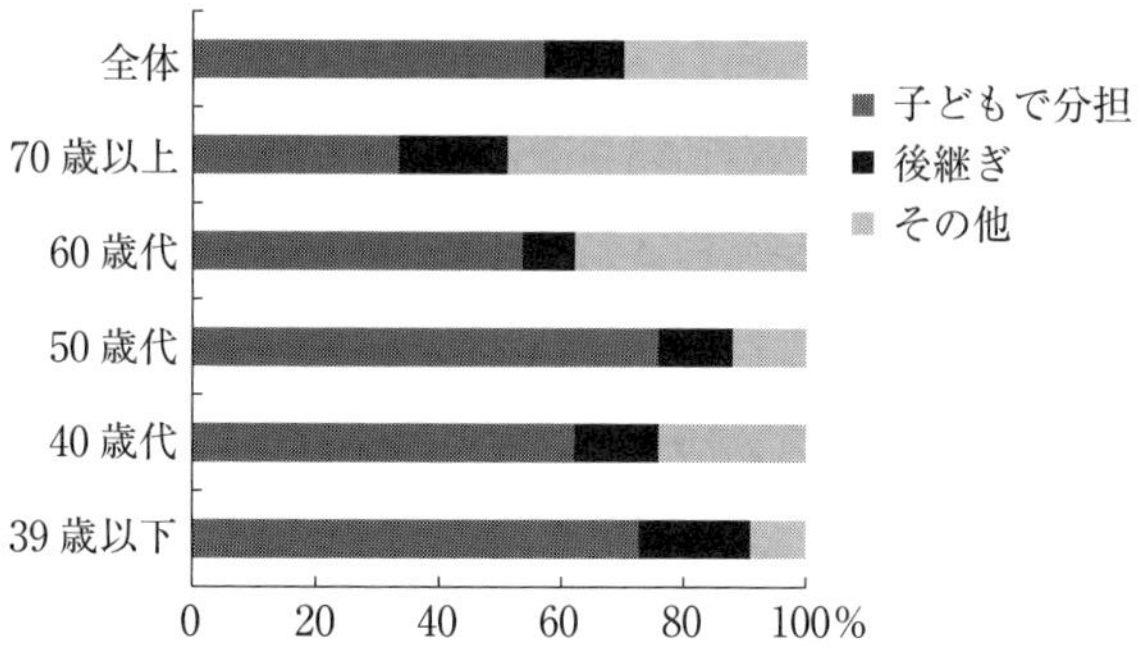

図 4–7　年齢別にみた親の生活費の負担方法

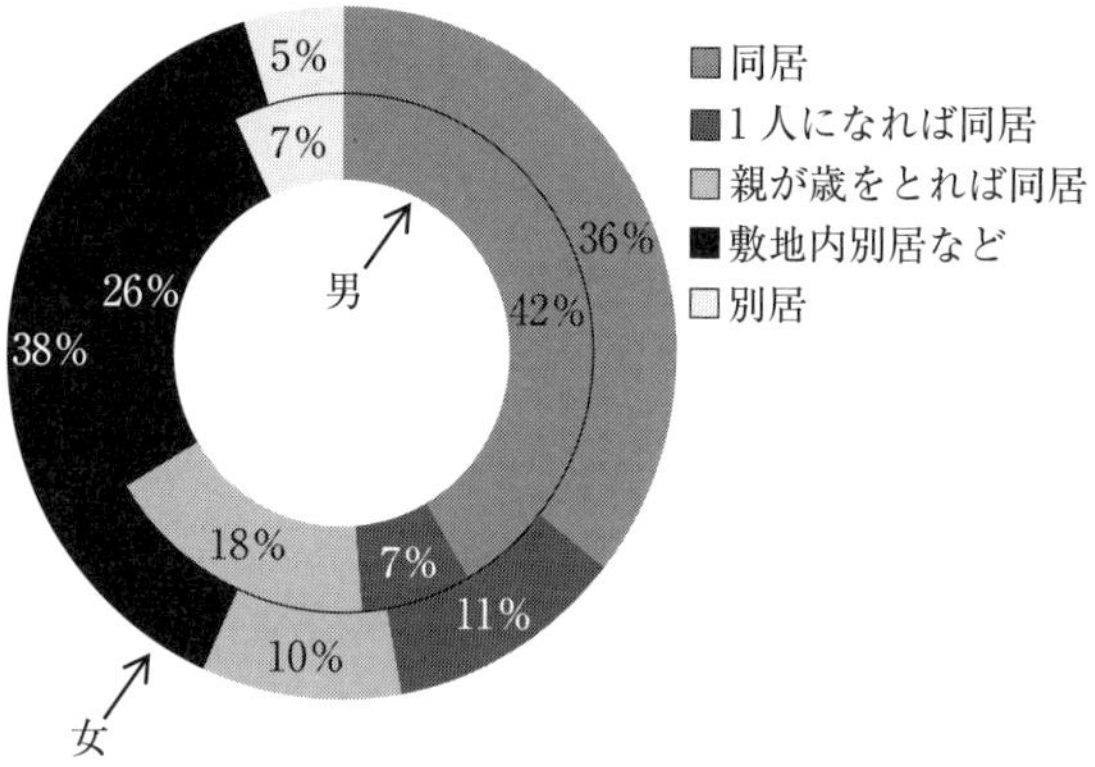

図 4–8　男女別にみた結婚後の親との同居意向

資料）筆者アンケート調査（有効回答数＝217）

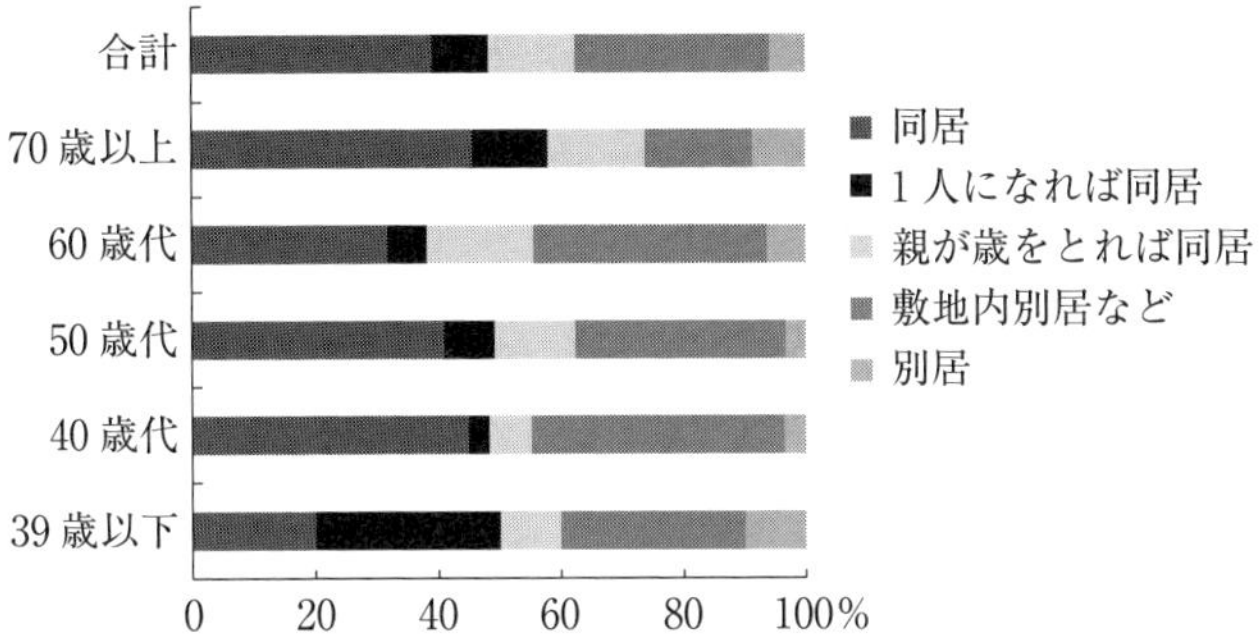

図4-9　年齢別にみた結婚後の同居意向

き来できれば別居」でよい（敷地内別居など）（32・3%）がほぼ同程度で、「できるかぎり別居がよい」は6・0%だった。この問いについては、性別と年齢別でグループ間に多少の相違が認められた。性別では図4-8のように、男のほうに同居志向が強く（「同居」+「1人になれば同居」+「親が歳をとれば同居」の合計が66・4%）、女のほうが男よりも相対的に別居志向が強い（「敷地内別居」+「別居」の合計が43・3%）。年齢別では図4-9のように、39歳以下の年齢層に同居志向が少なく、40歳以上の年齢層とのあいだにギャップが存在している。しかし「同居」、「1人になれば同居」、「親が歳をとれば同居」を合わせると、60%を超えほかの年齢層と同水準になる。この点では、在宅介護の基盤となる家族の同居志向は根強いものがあったと判断できそうである。

　最後に、「親が寝たきりになった場合の日常生活の世話」については、子どもだけ（9・1%）あるいは社会だけ（7・3%）を選ぶ回答は少数で、「子どもと社会の両方で世話をする」との回答が43・2%にのぼった。[24]「主に子どもが世話をす

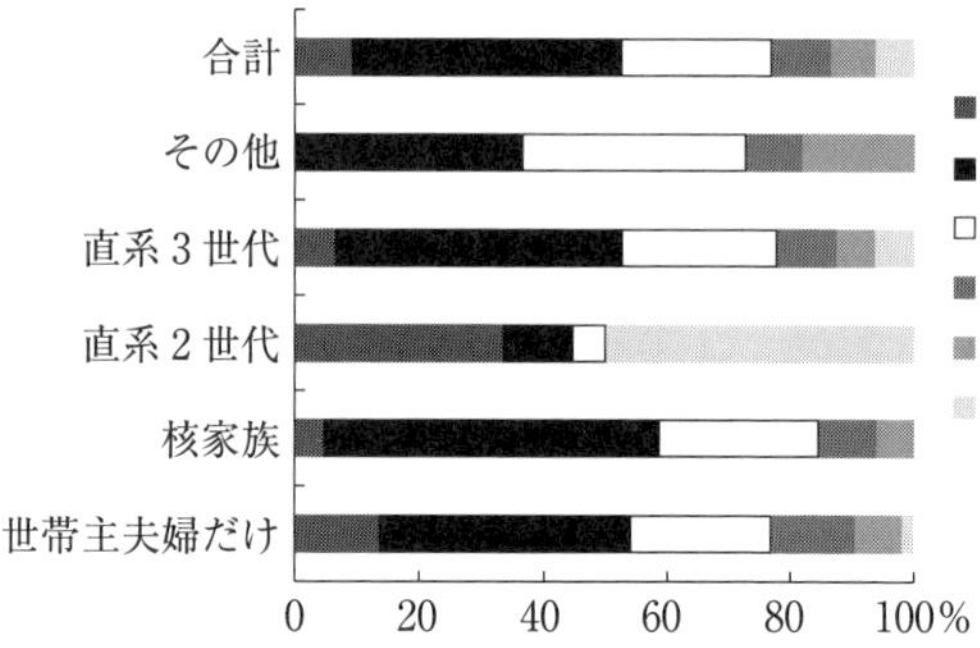

図4-10 家族類型別にみた寝たきり親の世話

るが、子どもの力が及ばないときは社会が世話をする」という回答は24・5%だった（図4-10）。親が要介護状態になった場合には、子どもが中心的な役割を担うべきだという規範は強いものの、すべてを子どもが抱え込むという認識は薄れていたと判断すべきだろう。この問いについては、性別、年齢別、家族類型別にみてグループのあいだに明確な違いを認めることはできず、基本的に全体の回答傾向と同様だった。

以上ごく簡単に、1990年代前半における村びとたちの福祉・介護をめぐる意識の一端を紹介した。それは当時の社会的背景と照らし合わせると、どのような特徴を持っていたのだろうか。第2章で述べたように、社会福祉の対象として高齢者（老人）が大きな位置を占めるようになったのは1960年代以降のことである。1963年に老人福祉法が成立し、1970年代に入ると「寝たきり老人」が社会問題として注目されるようになった[25]。とはいえ、「ゴールドプラン」の策定が1989年だったことからわかるように、政治的議論はあっても実践レベルでは具体策がなかなかともなっていないのが実情だった。ましてや、農村にあっては１９９０年代前半でも、伝統的な福祉意識（後継ぎ、実質は「嫁」による老親の世話、老人ホームは「棄老」など）を持つ人たちが多かったと推測される。それに比べると、臼田の村びとたちは、たとえば要介護状態の親の世話についてアンケートで示されたように、かなり「近代的」な福祉意識を持っていたといえそうである。

その理由として、佐久地方における福祉環境の先進性を指摘できるように思う。当時の農村では一般的に、公的部門の福祉サービスは限定的だったし、また民間サービスによる介護という発想が弱かっただけでなく、公的部門以外のサービス提供主体はほとんどいなかった。それに対して、佐久地方では佐久病院を中心とする在宅ケアの実践や老人保健施設の早期設置といった取り組みが行なわれてきた。そのことが、村びとたちの固定的な福祉像を変えるように作用したであろうことは想像に難くない。

(2) 佐久病院老人保健施設

佐久地方における先進的福祉環境の一つとして、１９８７年に設置された佐久病院老人保健施設（佐久老健）がある。佐久病院は、１９８６年の改正老人保健法によって創設が決まった老人保健施設にいち早く対応し、そのモデル事業として採択されることに成功した。また２００１年には小海分院にも老健を設置している（老健こうみ、55床、デイケア30人）。老健施設は「寝たきり老人」を中心とする要介護高齢者対策として導入された施設で、治療（キュア）と介護（ケア）の両方を行なう中間施設という特徴を持つ。老健施設にはいくつかのタイプがあるが、そのなかで佐久老健は病院と家庭とをつなぐ「通過型」施設という位置づけを与えられた。現在、佐久地方の老健は病院併設型が佐久老健を含めてわずか4カ所に過ぎず、定員も合計で300床にとどまっている。佐久市内にはほかに「独立型」が5カ所あるが、その定員を合わせても需要にはこたえきれていない。

佐久老健の入所定員は設置当初30床だったが、1989年に94床に増床している。通所は最大40人まで対応可能となっている。2011年度の稼働率は延べで100%だった。事業内容としては、入所、ショートステイ、デイケア、宅配給食の4本柱となっている。

ショートステイは在宅介護を側面から支えるうえで重要な役割を果たしている。たとえば2009年度における入所理由としては、介護者の病気や休養（43%）、結婚式・旅行など介護家族の事情（30%）が大半を占める。特別養護老人ホーム（特養）へ入所するまでの待機（4%）は量としては少ない[26]。それ以外の特徴としては「農繁期入所」とか「越冬入所」といった農村や佐久地方固有の条件による利用法がある。南部佐久の高原地帯では冬になるとマイナス30度前後にまで気温が下がるので高齢者が「越冬入所」で避難してくるし、夏には高原野菜の収穫で多忙を極める家族の介護負担を減らすため「農繁期入所」するのである。とくに「越冬入所」は人気で、通常期の施設利用率は70%程度（日数ベース）であるが、冬季は75%に跳ね上がる。

老健の利用目的に関しては、このところ全国的に老健の特養化が進んでいるといわれている。この傾向は佐久老健でも認められ、入所待ちをしているうちに亡くなるケースが目立つようになっている。これにともなって、老健が入所から看取りまでのターミナル・ケアを担わざるをえなくなってきた。そのことは、全老健（全国老人保健施設協会）が、本人意思の確認や終末期ケア委員会の設置などからなる「看取りのガイドライン」[27]を２０１２年3月に策定したことによく反映されている。しかし、佐久老健ではやはり「自宅での自立」「在宅ケア」「自宅での看取り」という佐久病院の原則、つまり「通過」施設としての老健という位置づけを維持したいと考えている。[28]もちろん、終末期に近い高齢者に対する24時間の在宅ケア支援は言うほどたやすいことではなく、家族はもちろん、佐久病院、佐久老健、開業医、行政、地域社会といった多様な主体の緊密な支え合いが必須である。

入所利用者数は１９９９年度で７７５人、２００１年度で９２２人だったが、２００９年度には１４７９人へと大きく伸びた。佐久老健がオープンした１９８０年代後半には、老健とは何かよく知られていなかったことや「老人ホーム」への偏見が残っていたこともあって、佐久老健の利用についてては住民のなかに抵抗感が存在していた。しかしそれも最近ではかなり薄れており、むしろ介護者および被介護者の生活とうまく組み合わせる工夫がみられる。たとえば、通院が困難な地域の要介護高齢者は訪問診療・訪問看護を利用できるが、その際に褥瘡の処置をしても、農繁期であれば家族による処置の継続が難しいので、１週間程度佐久老健または老健こうみに入所して治したのちに自宅に戻るという対応がみられる。

しかし、「通過」施設という原則を維持している佐久老健でも、自宅への復帰率はなかなか50％を上回ることはない。やはり、自宅よりは病院に戻ってしまうことが多く、老健と病院との往復になってしまいがちである。またショートステイの上限は、モデル事業の時の基準である3カ月のままなので、退所期限の近づいた入所者への対応も課題となる。いくら規則があるといっても、１００歳近い高齢者にいまさら特養へ移ることを勧めるわけにはいかない。規則通りにはいきにくいという悩みを抱えている。個人の事情や地域の条件に合った柔軟な運営基準が必要である。

この問題はスタッフの配置基準にもみられる。床数に応じたスタッフ数が決められているほか、介護の種類ごとに保険点数と保険対象が細分化されており、しかも人数が制限されている。看護師と介護士では業務も峻別されている。しかし、佐久老健では人件費率が70％を占めていることからわかるように、基準を超える手厚い人員配置をしている。また看護師も介護業務全般にかかわるし、介護士も医療知識を求められる場面が増えている。さらに佐久老健ではリハビリテーション職員として作業療法士（ＯＴ）と理学療法士（ＰＴ）を2人ずつ配置しているほか、言語聴覚士（ＳＴ）によるコンサルテーションを受けることができる体制を整えている。

現在の老健に関する規制枠組みのなかで、佐久老健のようにその基準を上回ったり新しい機能を追加したりすると、経営的には圧迫要因となる。しかし、直接の利用者とその家族の暮らしを支えるには基準を超えた「上乗せ」「横出し」を欠くわけにはいかない。医療費抑制しか考えていない国の医療行政とは大きく異なっている。要は、村びとと向き合い、その希望の実現を優先したいという「志」（こころざし）を持つかどうかなのである。

（3）実行委員会形式の在宅ケアから地域ケア体制の構築へ

老健が「通過」施設として機能し、「自宅での自立」「在宅介護」「自宅での看取り」を実現するためには、そのための仕組みとスタッフ（熱意をもったマンパワー／ウーマンパワー）が必要である。佐久地方では、在宅を支えやすい地域形成、すなわち地域ケア体制の構築に向けた努力が積み重ねられてきた。ちなみに、２００５年における長野県の在宅等死亡率は全国で一番高い21％（全国平均15・１％）に達し、また平均在院日数は長野県がもっとも低い27・３日（全国平均35・７日）だった。これらの数値は在宅介護、在宅医療の普及を示しているが、そのことに佐久地方の地域ケア体制の構築が影響を及ぼしたことは確かだろう。

そのイニシアティブをとったのが佐久病院の在宅ケアの取り組みである。表４-４は在宅ケアをめぐる主要な動きを整理したものである。この表からわかるように、その動きは在宅ケア実行委員会が主導的な役割を果たした時期と、地域医療部在宅ケア科をつくって組織的な展開が計られてきた時期の二つに区分できる。以下では、この表に基づいていくつかのポイントを説明したい。

佐久病院では、早くも１９４５年12月に無医村対策として出張診療に取り組んだ。若月俊一が「病院に患者が来ない？　それには事情があるはず。こっちから出かけていこう」[29]と出張診療をはじめてしまったのである。それ以来、出張診療はずっと続けてきたが、在宅ケアのための訪問看護は１９８０年代初めに精神科看護婦による試行的な取り組みまで待たねばならなかった。このボランティアによ

年	月	主要な動き
2005 年	5 月	在宅療養患者、障碍者への吸引についての公開学習会
	8 月	小海診療所への在宅部門一元化
2006 年	4 月	臼田地域と八千穂地域の包括支援センター、それぞれ佐久市と八千穂村から事業委託
2007 年	4 月	訪問看護 ST のざわ・きしの出張所が JA 佐久浅間のミニデイサービスで健康相談開始
	9 月	前年度物故者家族を対象に「故人を偲ぶ会」開催
2009 年	7 月	地域ケアネットワーク佐久の立ち上げ

資料）地域ケア科 10 周年記念誌編集委員会『地域ケア科 10 周年記念誌　いのちとくらしに寄り添って』JA 長野厚生連佐久総合病院地域ケア科、2004 年、JA 長野厚生連佐久総合病院「病院年報」2009 年度

注）*CAPD とは、慢性腎不全に対する透析治療法の一つ

る訪問看護が本格的な取り組みに変わるのは、1987年に在宅ケア実行委員会がつくられてからである。この実行委員会に集まったのは井益雄、隅田俊子、伊澤敏、岡庭信司、朔哲洋の5人の医師たちで、いずれも後に地域医療の中核メンバーとして活躍することになる。

在宅ケアを本格化するきっかけになったのが、1986年10月にJA長野厚生連と佐久病院が共同で行なった「在宅寝たきり老人状況調査」である。この調査によって、とくに「介護者の犠牲で成り立つ家庭内介護[30]」の実態が明らかになり、介護者の視点に立って、外出できないとか自分の時間がとれないなどの悩みにこたえられるとともに、入浴、排泄、更衣、食事という「苦労」を軽減できるような仕組みの必要性が浮き彫りにされたのである。前者の課題に対しては、すでに述べた老健の設置が対置され、後者の課題については在宅ケア実行委員会の組織化と在宅ケア事業が提示された。

在宅ケア実行委員会は、「いつでも、誰でも、どこでも

表4-4　地域医療・ケアをめぐる主要な動き

年	月	主要な動き
1982年ごろ		精神科看護婦による訪問看護、神経難病患者在宅ケア
1986年	10月	JA長野厚生連の発案による、在宅寝たきり老人状況調査
1987年	7月	老人保健施設モデル事業の導入（老人保健施設の設置）
	10月	在宅ケア実行委員会の設置
1988年	6月	在宅ケアの南部4村合同事業開始
	10月	南佐久北部地域（佐久市、臼田町、佐久町、八千穂村）の在宅ケア活動開始
1990年	4月	小海診療所で訪問看護を開始
1991年	1月	岩波映画「病院はきらいだ」完成
1992年	5月	訪問看護婦の専任化と訪問看護の開始
	9月	佐久市高齢者障碍者サービス調整会議への出席開始
		臼田町地域ケア連絡会議への出席開始
1994年	10月	地域医療部の発足、地域医療部内に地域ケア科設置
1995年	4月	訪問看護ステーション（ST）うすだの開設、在宅介護支援センターうすだの受託
1996年	5月	地域ケア科第2段階に向けた総括と議論
		訪問看護STのざわ、訪問看護STやちほの開設
		在宅介護支援センターやちほの受託
	6月	CAPD*カンファランスに地域ケア科スタッフ参加、CAPD患者の訪問看護開始（7月）
1998年	4月～9月	訪問看護STきしの、こうみ、あさしなの開設、あさしな在宅介護支援センターの開設
1999年	4月	生活支援ナースの配置
	8月	各訪問看護STにリハビリ・スタッフ（OT、PT）を配置、訪問リハビリの開始
	9月	小海在宅介護支援センターの一部業務受託
2000年	4月	介護保険の導入
2002年	5月	地域ケア科を中心に「地域医療センター」構想提案（第56回病院祭）
	10月	小海日赤病院、佐久病院へ移管、南佐久南部の介護・福祉体制の検討開始
		居宅介護支援事業を専任化、介護支援室設置
	12月	八千穂村の要請により託老所（村が設置、病院が運営）「やちほの家」がオープン

必要なときに必要な医療サービスが受けられる」ことを理念として掲げた。ターミナル・ケアが必要なほど重篤な患者であっても希望すれば自宅でも医療サービスを受けられ、畳の上で生き生きと自分らしく生き、最期のときを迎えることができる。そうした望みを実現できるようにするのが在宅ケアである。ここで特筆すべきは、在宅ケアの対象を要介護者だけでなく介護する家族も対象として明記したこと、さらに生命に対する援助（＝医療）だけでなく生活に対する援助（＝福祉）にも同等の重要性を与えたことである。この理念を実現するものとして24時間電話相談、24時間緊急往診、24時間緊急入院の体制が組まれた。

　ところが、在宅ケアが始まったころの村びとたちにとってみれば、それは必ずしも歓迎すべきことではなかったようである。隅田俊子は、『地域ケア科10周年記念誌』に以下のような村びとたちの言葉を載せている。「最近村のお年寄りが元のように元気にならないうちにどんどん家に帰されるには何か訳でもありやすか？　病院から追い出されてきて村ではほんとに困っていやす」「病院からいろんな人が村に来てくれるそうだが、何をするって言うわけですかい？」。「〝寝たきりのお年寄りが家で暮らして、家で看取られる、家で死ぬ〟ということがこの地域で市民権を得るまでには長い時間が必要だった[31]」のである。

　出張診療の舞台になった南佐久南部4村（南・北相木、南牧、川上）では、１９８８年から行政との共同で「南部

2005年度	2008年度	2009年度
370	312	291
4,245	4,060	3,802
33,047	33,730	33,941
54	62	78
0	193	170
8	0	1
17	4	9

or.jp/ja/dbps_data/_
013年4月27日）

表４－５　在宅ケアと地域ケアの利用者等の推移

	1988年度	1989年度	1990年度	1993年度	1995年度	1998年度	2000年度	2003年度
登録者数	31	100	121	157	204	246	216	340
訪問診療	283	800	948	1,755	2,226	2,623	2,236	3,575
訪問看護	15	62	95	932	4,963	16,848	21,386	29,652
往診	29	51	86	68	124	83	65	38
訪問リハビリ	31	177	207	24	52	10	0	0
訪問薬剤					276	359	139	0
訪問栄養					8	24	4	2

資料）佐久総合病院地域ケア科のウェブサイト、URL は http://www.sakuhp.material_/localhost/clinic/33_tiikicare/02_s63-h21_suii.pdf（アクセス日：2

注）訪問薬剤および訪問栄養は 1995 年から開始

４村在宅ケア事業」が始まった。ここでは、在宅看護や公民館を利用する通所リハビリのほかに訪問リハビリも取り入れた。この事業は、「山間へき地の老人が抱える諸問題を、自治体と病院が一致団結し、医療・保健・福祉・行政・地域住民のもてる力を総動員して解決していくという先駆的な実験[32]」であり、のちに各村につくられることになるデイサービスセンターの開設へとつながった。

在宅ケアはその後、さまざまの試行錯誤や苦労を経ながら、表４－５のように登録者数、訪問診療と訪問看護の件数はだんだんと拡大・定着してきた。ところが、そのなかでさまざまの新しい課題が生まれてきた。第一に、登録者が増えてきたのに在宅ケアのスタッフは数が限られており、どうしても重症者を優先せざるをえなかったり、訪問範囲が広域化して移動時間のロスが無視できなくなったりしてきた。これは、「いつでも、誰でも、どこでも必要なときに必要な医療を受けられる」という在宅ケアの理念を侵しかねない問題である。第二に、佐久病院それ自身において、在宅ケアが共通の課題として認識されておらず、ほかの診療科や部門との連携ができていなかった。第三に、佐久病院だけでは在宅ケアのいっそうの充実を計ることが難しいのに、地元医師会やほかの医療機関、あるいは地域社会や行政との連携・協力体制ができていなかった。

要するに、「実行委員会」という半ばボランティア的な運営組織では対応できない課題が浮上してきたのである。在宅ケアの発展が、もう一段と高い水準の仕組みを要求したといってもよいだろう。その結果が、研修医教育科や国際保健医療科などを含む地域医療部の新設である。この「地域医療部内における最大の柱[33]」として、実行委員会の実践を引き継ぐ地域ケア科が設けられた。

その際に実行委員会が掲げた理念、すなわち命を守る援助と生活を守る援助の結合、および介護が必要な人も介護する人も対象という考え方を堅持し、ほかの医療機関、自治体、福祉施設、福祉団体、ボランティアなどの「ネットワークに支えられて人々が障害を持ちながらも家を中心に生活していく、家で生活しながらある時にはデイサービスセンターに行き、ある時には老健に入所し、又ある時には病院に入院する。このように地域に支えられながら生活する事を『地域ケア』と呼びたい[34]」との想いで地域ケア科という名称が選ばれたという。このことからわかるように、地域ケア科は支援が必要な人と家族を起点とするさまざまのネットワークのかなめを構成する。このネットワークは、佐久病院の組織内ネットワーク、地域社会の諸集団・組織と佐久病院、医療と保健と福祉といった空間的レベルと機能的レベルの組み合わせであり、それほど簡単に実現できるものではない。地道な実践の積み上げしか、方法はない。

さらに、２００６年ごろからは地域ケア利用者の量的伸長とカバーする地理空間の拡大からその質的向上が強く意識されるようになってくる。地域ケアは「畳の上で死にたい」という望みを果たすための実践だが、それを支える仕組みがないと当人も介護者も我慢する生活を強いられることになる。大事なことは、「『わがまま』に自分の意思で選び、『寝たきりにならず』『畳の上で生き生きといきる』事」である。とすれば、地域ケアにはそれにみあうだけの体制が必須であり、とりわけ専門医のチームによる高次医療の提供や治療行為後の暮らしを見通すための情報共有が必要となってくる。佐久病院ではそのために、ＣＡＰＤカンファランスへの出席を皮切りに、神経内科や脳外科との連携がはじまったが、まだまだ十分とはいえない。病院内部でさえ、地域ケアの意義が共有しきれていないのである。ましてや、地域ケアのネットワーク内で「畳の上で死にたい」と願う人たちの情報を共有し、その人たちにふさわしいケアをうまく配分することは今後の重要な課題として残されている。

５　再び地域のなかへ、地域とともに
――佐久病院再構築問題の意味するところ

佐久病院は、長野県の第２次医療圏区分によると、小諸市、軽井沢町から南佐久郡南部４村までを含む佐久保健医療圏１５７１㎢をカバーしており、さらに上田市や東御市などの上小保健医療圏（９０５㎢）とともに第３次医療圏を構成している。また、佐久病院は地域がん診療連携拠点病院、

へき地医療拠点病院、災害拠点病院、心臓疾患基幹病院、エイズ治療拠点病院、地域周産期母子医療センター、救命救急センターなどの指定を受けており、東信地域全体の基幹病院としての役割を期待されている。実際、患者の受診圏は外来、入院ともに2000年ごろよりも拡大して佐久市、北佐久・小諸が6割近くを占め、上田・小県《ちいさがた》圏も増加傾向にあって、旧来の南佐久郡(旧臼田町を含む)のシェアは1割強にまで低下している(38)。高度な救急救命医療を担う「信州ドクターヘリ」(2005年導入)であれば、その診療圏は県下一円に及ぶ。加えて、佐久病院は病床数でも医師数比率でも看護師数比率でも佐久地方の4割以上と圧倒的な存在感を有している。

こうした基幹病院としての役割は、前節まで述べてきた農村医療運動や地域ケアとは性格を異にするところも多い。地域ケアは基本的にプライマリー・ヘルスケアを確保し、そのうえに希望と必要度に応じて高次医療を施すことが基本である。遠方から基幹病院にやってくる人たちは、プライマリーの治療ではなく、高次の専門医療を受けることが目的である。となると、佐久病院が追求してきた「農民とともに」「地域とともに」の理念と現実の医療圏とがずれてくる。「地域」の枠組みを佐久市はまだしも、北佐久郡全体や上田・小県圏にまで拡大し、そのなかでプライマリー・ヘルスケアを実践することはもちろん非現実的である。ここに、佐久病院が50年来履いてきた「二足のわらじ」のあり方を再検討しなければならない事態が生じた。いわゆる病院再構築問題である。

病院再構築問題のきっかけは、病院利用者が拡大するなかでの駐車場問題、病院施設の老朽化などにあるが、より本質的には佐久病院の理念を時代状況に合わせていかに読み直し、その新しい理念に見合う医療・介護・保健の仕組みを「地域社会」のうえに実現していくのかということだった。

病院再構築問題は1996年ごろから佐久病院の内部で検討されはじめ、現地建て替えから移転までのオプションが議論された。その過程で、旧臼田町住民たちは現地建て替えを希望し、そのために必要な地元商店街の区画整理などの再編成を検討する動きもあったが、1999年に佐久病院が「『現状地再構築』を打ち出すや、完全な中休み状態に入ってしまった」[39]。その結果、再構築問題に進展がみられないまま数年が経過してしまったので、佐久病院は2002年に一部機能の分割移転を柱とする方針を決定した。3月には、周辺町村長らでつくる病院運営委員会からも了承がえられた[40]。移転候補地は、JA長野厚生連が佐久市内に購入した工業用地である。その後もいろいろと問題が生じたが、ようやく2009年2月に、JA長野厚生連、佐久市、佐久病院との間で佐久市中込に基幹医療センターを建設する合意が正式に成立した。ここに、佐久病院の再構築問題が一応の決着をみることになったのである。

再構築の具体的内容は大きく二つの柱に分けられる。一つは、高次医療を担当する基幹医療センターを佐久市に新設し、救急救命や脳卒中、周産期母子医療などを集中的に行なって、2次医療圏、3次医療圏の要望に応えること、もう一つは、旧臼田町の本院を地域医療センターとして全面的に建て替え、長い歴史を持つプライマリー・ヘルスケアをベースに「新たな地域医療モデルの創造」[41]を目指すことである[42]。450床の基幹医療センターは、救急・急性期医療、専門医療を行なう紹介型の病院として位置づけられる。2011年12月に起工式が行なわれ、2013年12月の開院を目指して工事が進んでいる。地域医療センター（本院）は300床の入院病棟（療養型、総合診療、リハビリ、緩和ケアなど）、外来、慢性疾患、高齢者医療、地域保健福祉の拠点といった機能を果たす。マスター・スケジュールによると、地域医療センターの竣工は2016年度の早い時期が予定されている。

夏川周介統括院長によると、高次医療と第1次医療の病院機能は空間的に分離するが、患者は基幹医療センターと地域医療センターの間をシームレスに移動できるようにし、医療スタッフも双方向的な往来ができるような弾力的配置を意図している[43]。新しい地域医療モデルの構築のためには、本院と基幹医療センターの間だけでなく、小海と美里の二つの分院、佐久と小海の二つの老健を含む佐久病院グループのなかでの弾力的かつ相互の人事交流が重要な条件となる。

そのことは高次医療であっても、地域医療の視点を堅持しようという意思の表れである。伊澤敏院長は、『文化連情報』の院長インタビューで基幹医療センターであっても「農民とともに」の理念は変えないと明言している[44]。とくに、高齢者の場合には治療・退院後の暮らしを見通す必要がある。命を救うだけでなく、生活を守る視点がないと、命は長らえたけれども、ただ生きているだけの状態になってしまいかねない。それでは、本当に救ったことにはならない。そこでは死生観が問われることになる。逆に、地域医療・地域ケアにおいては、プライマリーだから高度な治療が要らないというエクスキューズにはならない。地域ケアでも、可能な限り専門的な治療を受けつつ最期を迎えたいという希望に応えないといけない時代になっている。つまり、佐久病院は、新しい地域医療モデルの柱として専門医療の福祉化、地域ケアの専門化を進めようとしているとみることができる。そのためには、改めて地域のなかへ入り、地域とともに歩むという姿勢と自覚が不可欠である。

この点に関連して、いくつかの重要な動きが再構築問題をめぐる取り組みのなかで生じた。一つは佐久病院と同労働組合が行なった、分割移転支持を求める署名活動が行政域を超えて、18万人弱という多数の支持を集めたことである。この活動には病院の全職員、住民グループ、農協などが携わっており、地域と病院との協力・連携が大幅に強化された。

もう一つは、住民による「佐久の地域医療を考える会」が生まれたことである。この会は佐久地方における医療環境の実情（医師・看護師不足、過重労働、医療崩壊の危険性）を学んだり、佐久病院の再構築にかかわる問題を議論したりするなかで、住民の視点から地域医療と地域社会の望ましい姿を発信するようになった。そのことは、市民参画による医療の社会化が進んだことを意味するといってよいだろう。市民参画による医療の社会化は、若月俊一が主張した医療の民主化にほかならない。その先にはおそらく、地域の医療・福祉・保健の資源を結びつける医療・福祉・保健のネットワークの形成が課題として浮上する。そのことは、病院完結型の医療体制を「地域完結型医療体制」への転換という佐久病院の方針を強化することになる(45)。

医療の社会化が進むと、医療をベースとする地域社会＝メディコ・ポリスの形成が具体的な道筋としてみえてくる。佐久病院の再構築が進む現在こそ、その道筋を改めて確認し直す良い機会である。この作業は、協同組合病院としての佐久病院が再度、地域のなかへ入り、地域とともに協働するという原点の意識化を要求する。その方向としては、佐久病院の農村医療運動の歴史と有機農業における「臼田ブランド」の存在をふまえれば、佐久地方におけるメディコ・ポリスは健全な農業・農村のうえに形成されるアグロ・メディコ・ポリスとしてのパースペクティブを描くことが妥当なように思われる。この点を第5章で検討することにしたい。

注

（1）たとえば、1935〜1936年には第1位の49・51歳（全国平均46・92歳）だった。
（2）この点については、池田省三「要介護認定率から見る地域差（その2）」『コミュニティケア』Vol.6・No.1、2004年を参照した。
（3）厚生労働省『平成19年版　厚生労働白書―医療構造改革の目指すもの―』ぎょうせい、2007年、96頁。
（4）吉川徹「崩壊に直面する日本の医療と医療改革」佐久総合病院・信州宮本塾合同研究会『地域医療とまちづくり―佐久病院の再構築から―』JA長野厚生連佐久総合病院・信州宮本塾、2009年。
（5）松島松翠・横山孝子・飯嶋郁夫『衛生指導員ものがたり』JA長野厚生連佐久総合病院、2011年、36頁。
（6）環境衛生指導員は県環境衛生連合会の指示によって設けられたもので、人口1000人あたり1人が基準とされた。当時の八千穂村の人口規模からすると6人で基準を満たすことができたのに、2人増員したのである。

（7）現金収入が乏しい当時の農村では、医療費の半額を受診時に支払うことは村人たちにとって負担が大きいので、病気でも医者にかからなくなるというのが反対の理由だった。旧八千穂村ではこの制度変更の実施を約1年半遅らせ、しかも本人の5割負担でなく4割負担に減らした。
（8）若月俊一「健康管理の原点八千穂村」JA長野厚生連佐久総合病院『健康な地域づくりに向けて　八千穂村全村健康管理の五十年』JA長野厚生連佐久総合病院、2011年、12頁。
（9）小林由佳・小林洋平「全村健康管理のしくみと内容」JA長野厚生連佐久総合病院、前掲注8、43頁。
（10）現在は個人情報保護の観点から、世帯台帳、集落台帳はほとんど活用されていないようであるが、健康づくりにかかわる問題の社会性・空間性を鑑みると「角を矯めて牛を殺す」ことになっているように思われる。
（11）杉山章子「地域ぐるみの健康管理活動――今後の課題」JA長野厚生連佐久総合病院、前掲注8、255〜256頁。
（12）吉川千代子「集団健康スクリーニングの開始」JA長野厚生連佐久総合病院、前掲注8を参照した。
（13）メタボ健診の問題点については、池上甲一「結びつく医療・健康政策と食・農政策」池上甲一・原山浩介『食と農のいま』ナカニシヤ出版、2011年を参照されたい。
（14）JA長野厚生連本所健康管理課「『特定健診・特定保健指導』JA長野厚生連の対応」長野県厚生農業協同組合連合会健康管理センター『集団健康スクリーニングのあゆみ』第17集、2009年。
（15）朔哲洋「佐久病院再構築と健康・福祉のまちづくり――地域医療センターは、何をめざすのか――」佐久総合病院・信州宮本塾合同研究会、前掲注4、37頁。

(16) 川上武・小坂富美子『戦後医療史序説―都市計画とメディコ・ポリス構想』勁草書房、1992年、62～70頁。
(17) 若月俊一・清水茂文『医師のみた農村の変貌』勁草書房、1992年。
(18) 若月・清水、前掲注17、4頁。
(19) この間の経緯については、若月俊一『村で病気とたたかう』岩波新書、1971年のほか、「若月俊一―農村医療に生きる」松本克平・若月俊一・川島廉子『来し方の記　四』信毎選書七、信濃毎日新聞社、1982年、若月俊一『信州の風の色　地域農民とともに50年』労働旬報社、1994年などの自伝を参照のこと。
(20) 若月俊一『村で病気とたたかう』岩波新書、1971年、110～111頁。
(21) 南木桂士『信州に上医あり』岩波新書、1994年、207頁。
(22) 若月俊一・井益雄『高齢化社会の在宅ケア』岩波ブックレット、1991年、43頁。
(23) 若月・清水、前掲注17、23頁。
(24) なお1990年代前半の農村地域では、民間サービスによる介護という発想が薄く、また公的部門以外のサービス提供主体がほとんどないという状況だったので選択項目には民間サービスという選択項目を設けていない。
(25) 「寝たきり」という表現は1969年版の厚生白書において初めて使われた。
(26) JA長野厚生連佐久総合病院「病院年報」2009年度、133頁。
(27) 全国老人保健施設協会のウェブサイト内の「運営規程等」を参照。URLはhttp://www.roken.or.jp/wp/info/regulation（アクセス日2013年4月20日）。

(28) 佐久病院老健施設長へのインタビューによる（2012年2月21日）。
(29)「佐久病院の挑戦は実るか／ケアも超高度医療も」「信濃毎日新聞」（「考」181）2012年6月24日付け朝刊（主筆：中馬清福）。
(30) 朔哲洋「在宅ケア実行委員会から地域ケア科設立へ」地域ケア科10周年記念誌編集委員会『地域ケア科10周年記念誌　いのちとくらしに寄り添って』JA長野厚生連佐久総合病院地域ケア科、2004年、21頁。
(31) 隅田俊子「地域ケアのはじめ」地域ケア科10周年記念誌編集委員会、前掲注30、11〜12頁。
(32) 朔哲洋「在宅ケア実行委員会から地域ケア科設立へ」地域ケア科10周年記念誌編集委員会、前掲注30、22頁。
(33) 清水茂文「地域ケア科10周年に寄せて」地域ケア科10周年記念誌編集委員会、前掲注30、9頁。
(34) 朔哲洋「在宅ケア実行委員会から地域ケア科設立へ」地域ケア科10周年記念誌編集委員会、前掲注30、24頁。
(35) 朔哲洋「在宅ケア実行委員会から地域ケア科設立へ」地域ケア科10周年記念誌編集委員会、前掲注30、25頁。
(36) CAPDとは慢性腎臓病に対する透析治療法の一つで、患者が自分自身で処置できる点に特徴がある。
(37) 石塚秀雄「佐久総合病院と地域医療」中川雄一郎『地域医療再生の力』新日本出版社、2010年。
(38) JA長野厚生連佐久総合病院管理課からの提供資料（2012年2月20日）。
(39) 清水茂文「ともに創ろう、いのちと暮らし　佐久総合病院再構築計画（素案）」「農民とともに　JA

長野厚生連佐久総合病院ニュース」№108、2002年3月1日。

(40)「信濃毎日新聞」2002年3月7日付け朝刊。

(41)夏川周介「新たな地域医療モデルの創造をめざして」「農民とともに　JA長野厚生連佐久総合病院ニュース」№227、2012年1月。

(42)急性期と慢性療養期の機能分化、後者の床数抑制、診療報酬改定など国の医療制度改革に対応しないことには経営的に成立できなくなる危険性があったことも、佐久病院の再構築問題に大きな影響を与えている。

(43)筆者によるインタビュー(2012年2月20日)。

(44)「院長リレーインタビュー　長野県厚生連佐久総合病院　伊澤敏院長」『文化連情報』№391、2010年10月。

(45)もちろん、関係者間の情報共有は一朝一夕にはいかない。しかし、少なくとも電子カルテ化とIDリンクの稼働はその技術的障壁を小さくする可能性を持つ。

第5章　佐久病院を中心とするアグロ・メディコ・ポリスの地域的展開

第4章で述べたように、佐久病院は若月俊一・初代院長以下農村医療運動に熱心に取り組んできた。農村医療運動は臨床医学としての性格とともに、疾病の背景にも目を向ける社会医学的な性格を持つ。このことによって、佐久病院は佐久地方における医療分野のみならず、農村の社会経済構造や農民の意識構造にも大きな影響を及ぼしてきた。その具体的現れが旧臼田町における農村文化活動の展開、あるいは家庭生ごみのコンポスト化事業とそれに連動する有機農業の実践である。そうした動きのうえに、佐久地方独特の地域形成が進んできている。それは端的にいえば、医療・保健・福祉と農業・環境・文化とが結びつく地域形成である。そこで、この方向をアグロ・メディコ・ポリスとして捉えることとしたい。本章では、佐久地方におけるこのアグロ・メディコ・ポリスの地域的展開に焦点をあてる。

1　アグロ・メディコ・ポリスとは

アグロ・メディコ・ポリスとはあまり耳慣れない言葉だろう。この概念は、筆者が１９９６年に『持続的農村の形成』においてはじめて提起したものである(1)。この概念は、川上武・小坂富美子の著作から着想を得ている(2)。川上らは同書において、１９８０年代後半までの佐久病院の展開過程と若月俊一の思想と実践をふまえ、医療を中心に地域再生を図る「メディコ・ポリス構想」の必要性を唱えた。川上は、医療・福祉システムの整備、教育施設の充実、生計確保の産業振興の3条件を整えることが地域再生の要であるとし、医療・福祉ネットワークを「産業（雇用）創出」という視点から捉えた。その具体策として、医療看護系の高等教育機関、シルバー・ビレッジ、医薬品・医療機器関連企業などの誘致をあげた。つまり、あくまで医療を中心とする地域社会の形成に焦点をあてていたといってよい。そこでは、農村地域の再生でありながら、農業は与件あるいは背景として捉えられていた。

佐久地方で「信州宮本塾」（「もちづき宮本塾」を２００５年に改称）を主宰してきた宮本憲一は、メディコ・ポリス構想に景観や文化的な要素を組み込んだ「メディコ・パルコ・ポリス」あるいは「メディコ・エコ・ポリス」を「内発型の地域開発」目標として実現性の高いものとして評価している(3)。さらに、最近では「世界にまだ存在しない農村型メディコ・ポリスのモデル」として「Agriculture

（農業）に由来するアグロという視点を入れて、メディコ・アグロ・ポリス構想はどうかとも述べてい[4]」るようである。

こうした佐久地方発のメディコ・ポリス構想に加えて、今村奈良臣も広島県世羅町の取り組みをベースにしたアグロ・ポリス、フード・ポリス、エコ・ポリス、メディコ・ポリスという4ポリス構想を提示している。[5]ただし世羅町ではメディコ・ポリスにかかわる動きはないようである。今村のいうポリスとは拠点のことで、「４つの拠点―つまりPolis―を地域の上に重ね合わせ、有機的結合体として保有」する農村が目標ということになる。したがって、農や食や医は機能的に独立しており、それ自身としての結合・重複はあまり意識していないように見受けられる。

以上のようなアグロ・メディコ・ポリスを発想するヒントになった考え方、あるいは共通性を持つ考え方をふまえつつ、このアイデアに筆者は何を盛り込もうと考えているのかを少し述べておきたい。

まず、アグロ・メディコ・ポリスとは、農村の地域キャピタルが医療・保健・福祉と緊密に結びつき、それぞれの間に経済的循環と物的循環が形成されている地域社会を指す。ここで、農村の地域キャピタルとは、実際上の役に立っていたり商品として使われていたりする地域資源だけでなく、一見したところは使われていなかったり、ありのままに存在しているかのようにみえたりする「遊び」あるいは「ゆとり」の存在も含んでいる。[6]つまり、有用性や利用可能性、あるいは使用価値や交換価値を超えた「無用のもの」こそが、地域資源の価値を発現したりその存在を持続的にしたりするうえで重要なキャピタルなのである。この意味で、農や食はいうまでもなく、それが営まれる生活、社会関係と自然空間の全体が地域キャピタルの対象となる。したがって、アグロ・メディコ・ポリスの一つのポイントは、農業・農村の多面的な外部経済効果とメディコ・ポリス構想を統合するところにある。

もう一つのポイントは、農村の課題と都市からのまなざしをアグロ・メディコ・ポリスによって結びつけるところにある。過疎化・高齢化の著しい農村地域において、暮らしを安心で生き生きとしたものにするためには、医療・保健・福祉の充実と経済基盤の確立が重要である。他方で、都市からは農村に対する新しい期待が生まれている。とくに、テクノストレスやPTSD（心的外傷後ストレス障害）のような精神的病理の癒しや高齢社会の到来によるゆとりの実現などが期待されている。現実にはなかなか踏み切れないにしても、20～30歳代の若者のなかに「田舎暮らし志向」が生まれていることもその一端として理解することができる。

こうした農村の課題と都市からのまなざしを考慮すれば、農業・農村とさまざまの医療・保健・福祉の関連事業からなる社会経済的複合体の形成が一つの可能性として浮上する。この複合体には、医療機関や薬局だけでなく、介護・福祉や給食、リネン、さらには食材供給のための農業や良好な環境と静養・療養にふさわしい雰囲気の提供も含まれる。こうした総体をアグロ・メディコ・ポリスとして把握したいというのが、筆者の趣旨である。

三つめのポイントは、アグロ・メディコ・ポリスにおいてさまざまの要素が結びつくことによって、そこに地域内の経済的循環が発生するとともに、とくに農産物・食料を中心とする物質循環のループを閉じることも可能となり、こうした二つの循環にともなって人的・社会的なつながりと循環が強化されるということである。経済循環や物質循環もつまるところ、それをになう人びとや集団抜きには成立しないからである。

さて、アグロ・メディコ・ポリスは三つの領域からなっている。まずアグロとはagriculture、つまり農業のことを指し、つぎにメディコとはmedical careすなわち医療の謂いである。最後に、ポリスとは古代ギリシャの都市社会が〝polis〟と呼ばれたように、あるまとまった範囲の社会のことを指す。だから、アグロ・メディコ・ポリスとは農業と医療が結びついた地域社会だということになる。もうすこしいえば、農村・農業のなかにあるさまざまの地域資源が医療・保健・福祉・介護といった健康にかかわる領域と緊密に結びつき、地域内で経済的循環と物質循環に基づいた社会関係が有機的・複合的に形成されている地域社会を指す。そのような地域社会は、自らの永続性と発展をできるだけ他者に依存しないという意味での自己裁量、あるいは自己決定が可能となり、この点で自律的であるということができる。

一つの地域社会がある程度の自律性（完全なる自立は不可能である）を保持するためには、さまざまの要素や条件をクリアーしなければならない。家は地域社会の重要な構成単位である。では、家とは何か。家（家庭、家政）を意味するラテン語のオイコスにはもともと、エコノミー（経済、資源）とエコロジー（生態、生命）という二つの意味が内包されていたという。前者はたとえば狩猟のような形で生活の糧を外に求める男の世界として定式化され、後者は家のなかで料理し、次の世代を育てていく女の世界として構造化される。この両面が統合されているとき、家が一つの全体として成立する。

そうした家々は相互に関係を取り結ぶことによって、自らの存続を補強していたと推測される。そこに地域という社会が生まれる。だから、地域には家と連動するさまざまな要素が一体的に組み込まれていたとみることができる。つまり、エコノミーとエコロジーの両面が健全に営まれてはじめて、地域は一つのまとまりたりえたのである。

ところが、そのまとまりはとりわけ産業革命以降しだいに分離していく。より効率的に、より大量に商品をつくり出すことが豊かさへの早道だと考えられるようになり、そのためには機能の分化と資源の集中が必要だったからである。その結果、男と女、生産と消費、企業と家計、都市と農村、工業と農業といったように、地域社会のなかで一体化していたものが対立的な存在として分離してくる。

同時に、経済的に間尺に合わないさまざまの要素は地域の外に放り出し、一箇所にたくさん集めて「合理的」に資源を利用するようになる。すると、出産、子育て、教育、共食、老人扶養など、もともと生命の再生産にかかわっていた要素さえも専門の機能を扱う機関に委任されるようになる。その受け皿として、産院や学校、病院や老人ホーム、あるいは飲食店などが経済行為あるいは公的サービスという形式で誕生した。

こうして、地域社会のまとまりが限りなく分解していく。そのことは、絶えざる経済成長が成し遂げられているようなある種の熱狂的な世界では大いに力を発揮した。しかし、エコノミーの世界があまりにも肥大すると、エコロジーの世界と衝突するようになる。それは何よりも地域社会の荒廃という形で目の前に現れる。すると、エコロジーの世界からのカウンター圧力が醸成され、エコロジーによるエコノミーの再統合運動が生じてくる。いわば、経済に対する生命の反乱である。

それはいろいろな場所でいろいろな形で着実に進みはじめている。アグロ・メディコ・ポリスもそうした再統合を目指す動きの一つとして位置づけることができる。先にふれた川上武のメディコ・ポリス構想は、おそらく、地域と医療との分離に地域社会の荒廃をみたところから生まれている。地域社会のみんなが属性や立場を超えて、安心して生き生きと暮らす（良く生きる）ためには医療、保健、福祉が地域社会に根ざしていなければならない。さらに、安全な食べ物と健全な環境と生命のあふれる世界がその基盤をなすはずである。ここに、農業・農村と医療とを結ぶアグロ・メディコ・ポリスが構想されるべき理由がある。逆にいえば、アグロ・メディコ・ポリスを目指すということは、「良くあること」（well-being）としての福祉を実現しようとすることにほかならないだろう。

2 旧臼田町の地域特性

(1) 人口動態

佐久地方は、小諸市を中心とする北佐久（1市4町2村）と佐久市を中心とする南佐久に分けられる。佐久病院による農村医療運動の主要な舞台となった南佐久は、平坦な佐久平から八ヶ岳山麓のいわゆる中山間地域に至るまでの多様な地域からなる。旧臼田町は2005年に佐久市、望月町、浅科町と合併して佐久市に属することとなった。南佐久郡ではほかに、佐久町と八千穂村が合併し、佐久穂町となっている。この結果、南佐久地方は佐久市、小海町、佐久穂町、川上村、南牧村、南相木村、北相木村の1市2町4村から構成されることになった。

南佐久の人口は全体として、1980年代以降一貫して人口減少傾向にあるが、そのなかで旧臼田町は1990年代まで人口が相対的に安定的に推移してきた例外的自治体である（表5－1）。表5－1には明示していないが、とくに1970年代・1980年代には佐久市と連続する市街地を中心にかなりの人口増加があった。このため、旧臼田町は人口増と都市化・混住化による問題、たとえばごみ処理問題を抱え込んだ。このことは後述のように、家庭系生ごみのコンポスト化事業を生み出す一つの原因となった。

表５−１　南佐久郡における人口の推移

	1980年	1985年	1990年	1995年	2000年	2005年	2010年
旧臼田町	16,208	16,363	16,301	16,178	15,962	15,311	14,578
小海町	7,004	6,831	6,630	6,434	5,961	5,663	5,180
川上村	4,632	4,711	4,722	4,957	4,908	4,759	4,972
南牧村	3,435	3,468	3,582	3,537	3,540	3,494	3,528
南相木村	1,604	1,453	1,368	1,334	1,584	1,151	1,121
北相木村	1,299	1,200	1,194	1,148	1,025	942	842
旧佐久町	9,090	9,058	8,996	9,006	8,849	8,412	7,801
旧八千穂村	5,138	5,016	4,846	4,734	4,773	4,568	4,268
南佐久郡（旧臼田町以外）	32,202	31,737	31,338	31,150	30,640	28,989	27,712

資料）総務省（総務庁）『国勢調査』各年次

しかし１９９０年代に入ると、人口は頭打ち傾向から減少に転じただけではなく、２０００年代には減少率がだんだんと大きくなった。２００５年から２０１０年には、南佐久郡に匹敵する４・８％減という、これまでにない減少率を記録した。その背後には、人口の変動要因が変わったことがある（表５−２）。１９８０年代は人口の自然増減率がプラス、社会増減率がマイナスで、人口流出を出生でカバーするという構造が続いていた。しかし、１９９０年から自然増減率がマイナスに変わって、１９９０年代には自然減と社会減がともに進む構造となった。２０００年代に入ってからはわずかながら社会増となったが、自然減を大きく埋め合わせるには至っていない。なお、２０１０年には社会増減率は再びマイナスに転じている。

自然増減率のマイナスへの移行は、家族構成の変化、高齢化の進展、未婚者の増加・晩婚化、出産年齢女性の流出などと関係している。第一に、表５−２のように、65歳以上人口の占める割合が１９９０年代半ばには20％を超え、

表5-2　旧臼田町および南佐久郡における高齢化と人口動態

（単位：人、％）

年次	旧臼田町				南佐久郡（旧臼田町以外）			
	人口	高齢化率	自然増減率	社会増減率	人口	高齢化率	自然増減率	社会増減率
1980	16,208	13.9	0.57	−0.67	32,202	15.4	0.31	−0.93
1985	16,363	16.8	0.24	−0.47	31,737	15.5	0.31	−0.40
1990	16,159	18.4	−0.13	−0.20	31,337	19.7	0.14	−0.47
1995	16,158	22.0	−0.25	−0.12	31,043	23.2	0.04	−0.28
2000	15,849	24.8	−0.25	0.56	30,450	26.3	−0.17	−0.34
2005	15,261	27.5	−0.19	0.05	29,436	29.4	−0.45	−0.73
2010	14,765	29.9	−0.15	−0.06	27,130	31.7	−0.78	−0.54

資料）1980年と1985年の人口と高齢化率は国勢調査による。それ以外は長野県毎月人口移動調査による。長野県毎月人口移動調査は長野県統計データベース（URL：http://www3.pref.nagano.lg.jp/toukei/）を利用した

注1）国勢調査によるもの以外は、毎年4月1日現在の人口である

2）旧臼田町の2005年と2010年の自然増減率と社会増減率は旧臼田町の数字が得られないため、参考までに佐久市の数字を表示している

さらに2010年には30％に近づいている。ちなみに、南佐久郡では旧臼田町よりも常に2ポイントほど上回り、2010年には31・7％と30％を大きく超えた。第二に、高齢者の夫婦世帯・単独世帯が増えるとともに、全体の平均世帯員数が少なくなっている（表5－3）。核家族世帯と直系家族世帯では平均世帯員数があまり変わっていないので、平均世帯員数の減少は高齢夫婦世帯と単独世帯の顕著な伸びによるものと推測される。第三に、高齢化の進展につれて、図5－1のように人口ピラミッドが円錐形から、10歳未満層の少ない不安定な釣鐘型へと変化している。第四に、図5－1からわかるように、2000年には10歳代後半～20歳代前半の女性が同年代の男性よりもずっと多かったのに、2012年にはその差が小さくなっている。

以上のように、旧臼田町の人口動態は増加・

表5-3　旧臼田町における家族類型の変化

		全体	夫婦世帯	核家族世帯	直系家族世帯	拡大家族世帯	単独世帯
1980年	世帯数（%）	100	16.9	43.2	24.5	4.9	3.9
	平均世帯員数（人）	3.60	2.00	3.63	5.17	5.80	1.00
1990年	世帯数（%）	100	18.9	37.5	21.5	3.1	17.5
	平均世帯員数（人）	3.22	2.00	3.54	4.98	5.60	1.00
2000年	世帯数（%）	100	22.5	35.6	16.6	2.6	21.2
	平均世帯員数（人）	2.89	2.00	3.44	4.96	5.32	1.00

資料）総務省（総務庁）『国勢調査』各年次
注）一般世帯についての整理である。その他の親族を含む世帯を拡大家族世帯と表記している。平均世帯員数＝世帯員／世帯数

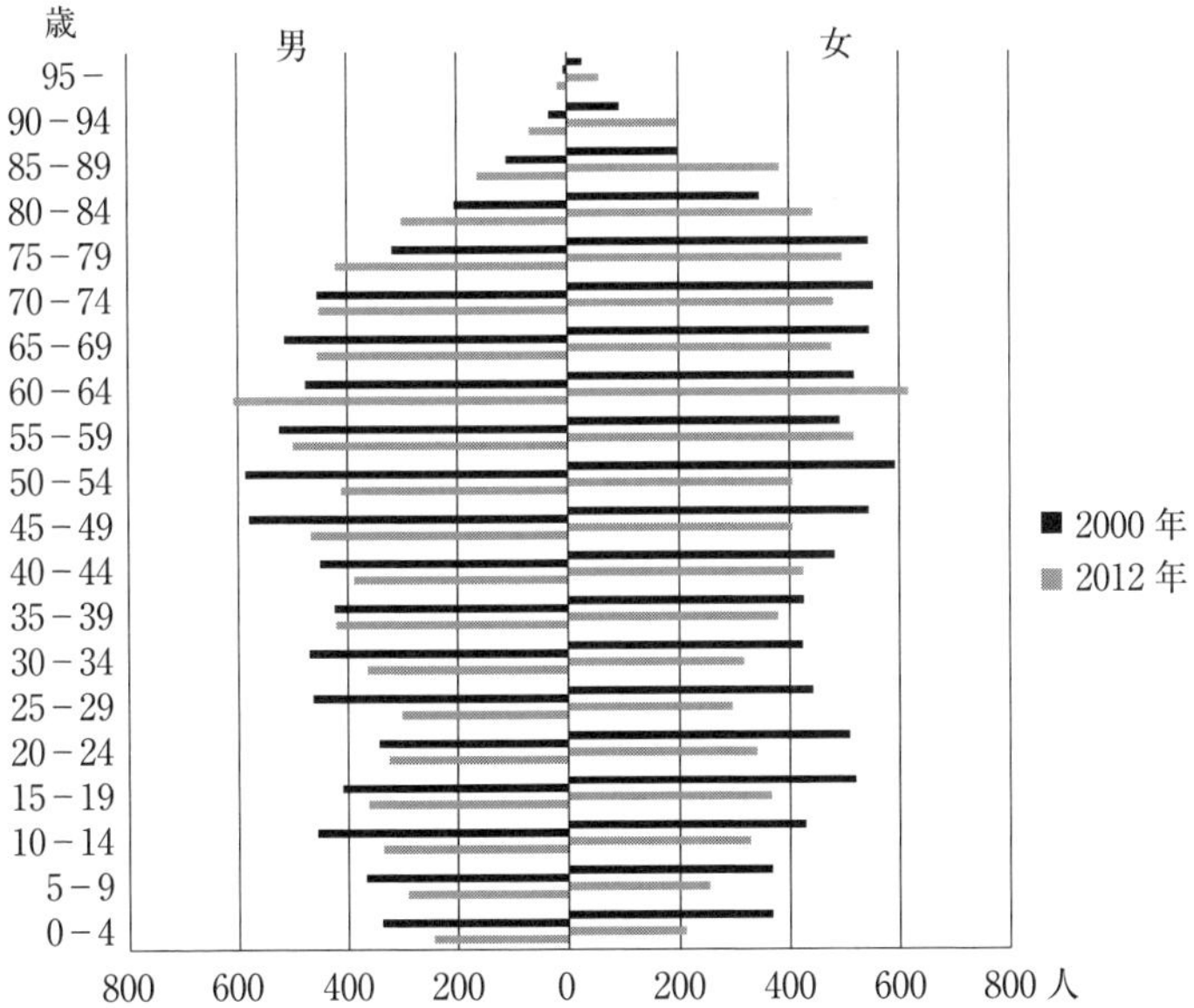

図5-1　男女別人口ピラミッド

資料）2000年は『国勢調査』、2012年は佐久市のウェブサイト「佐久市の人口データ」（URL：http://www.city.saku.nagano.jp/cms/html/entry/33/287.html）

横ばい状況から減少基調に転じているものの、社会増減がプラスになることもあり、なかなか予測がつけにくい。確かに、人口の自然増減と高齢化率、世帯構成の変化から判断すると、人口減に大幅な歯止めをかけることは難しいだろう。しかし、他町村と異なるのは佐久病院の存在である。佐久病院は人口動態上、次の三つの大きな役割を果たしている。一つは医師・看護師・看護専門学校生等の人口維持への貢献、二つは病院関係業種への就業先の提供、三つは移住希望者への医療面における安心の提供である。それゆえ、人口の再生産能力が、決定的に弱まることはないように思われる。むしろ高齢社会の到来をきっかけに、佐久病院があるという理由で旧臼田町周辺への移住希望者が増える可能性も残されている。

(2) 農業の状況

旧臼田町は、広大な水田の広がる佐久平から中山間地域に移るその境界に位置する。林野率こそ74%を数えるとはいえ、地形は概して平坦である。ただし、町の中央を貫流する千曲川の河岸段丘が若干の起伏を形成している。この段丘上に農地が広がる。

経営耕地面積は、1980年の1029haから1990年に877ha、2000年に735ha、2005年に565haと推移して、1980年時点の半分近くにまで減少した。この間に、田は555haから368haへと33・7%、畑は296haから147haへと49・7%、それぞれ大幅に減少したが、果樹園(りんご園)は40haから50haへとピーク時には及ばないものの25%も増えている。耕地面積の大幅な減少は転用によるもののほか、耕作放棄地の急増が大きく影響している。耕作放棄地は１９８０年から１９９０年の間に69haから１２５haへとほぼ倍増し、不作付地（１９８０年75ha、１９９０年98ha）と合わせて、耕地面積に対して25・４％を占めるまでになった。それが、２００５年には耕作放棄地１５６haと対１９９０年比で25％増、不作付地（57ha）と合わせると耕地面積に対して37・７％に相当するところまできている。

他方、農家数はセンサス・ベースで１９８０年の１８７７戸、１９９０年１６２７戸、２０００年１０７１戸、２００５年７５７戸と一貫して大きく減少してきた。とくに、「販売農家」は１９８５年の１２３１戸から１９９０年に１１２８戸、２０００年に９４９戸、２００５年に７５５戸へと減少幅が大きく、逆に「自給農家」は１９８５年の４９６戸から１９９０年に５４４戸へと増加した。２０００年には５１１戸へと減少したものの、２００５年には再び増加に転じて５５４戸と１９９０年段階と同程度になっている。しかしこうした農家数の減少、自給農家の増加は、構造政策の目指す中核的農家の規模拡大を意味するわけではない。経営耕地面積２ha以上の農家は１９８０年も１９９０年も同じく23戸であり、３ha以上でわずかに９戸から11戸への増加が認められるだけだった。２０００年には２ha以上の農家が19戸、３ha～７・５haが10戸、２００５年では２ha以上が23戸、３ha～20haが12戸となり、最上位層の経営面積が大きくなっているとはいえ、規模拡大が大幅に進んだとはいえない状況である。

右記のような経営耕地と農家数の推移から、従来多数を占めていた中小規模農家が耕作放棄をとも

表5−4　旧臼田町における農業生産の特化係数

	1980年	1990年	1995年	2000年	2004年
米	1.0	1.23	1.26	1.45	1.60
野菜	0.53	0.37	0.40	0.49	0.47
果実	0.84	1.16	0.96	1.21	0.83
花卉	6.88	4.82	5.40	4.29	5.72
養蚕	5.8	3.0	−	−	−
肉牛	0.1	0.62	0.75	0.45	0.60
乳牛	1.96	1.37	1.28	1.29	1.07
豚	1.03	1.16	0.77	0.67	−

資料）農林水産省「生産農業所得統計」（市町村別累年統計）、ただし1980年と1990年は各年次のものを参照している

ないながら商業的な生産過程から距離を置くようになってきていることがわかる。この背後には、佐久・小諸両市を中心とする就業機会や前者の都市化圧力に影響された兼業化、農地転用と、農業従事者の高齢化がある。他方、中核的な農家は花卉（主に菊）やりんごなどの集約部門に特化し、農地の面的拡大を志向していない。表5−4のように、粗生産額ベースでみた特化係数は花卉部門が1980年以降一貫して高く、2004年でも5・72とかなり大きかった。乳牛も畜産団地のおかげで1以上を維持しているが、だんだんと低下しつつある。逆に、米が次第に大きくなり、中小規模農家、高齢農家の稲作志向が強くなっていることをうかがわせる。つまり、旧臼田町の農業は、都市近郊的な性格と中山間地域的な性格の二面性を持っているといえよう。

以上で概観したような中小規模農家の商業的生産という意味での農業離れ傾向、経営規模のいっそうの零細化、耕作放棄地の増加といった動きは、1980年代における農業産出額と生産農業所得の伸び悩み、1990年代半ばからの急落をもたらしている（図5−2）。とくに、生産農業所得の急落は著しく、農業経営環境がいっそう悪化していることがわかる。そのことがさらに農業離れを加速し

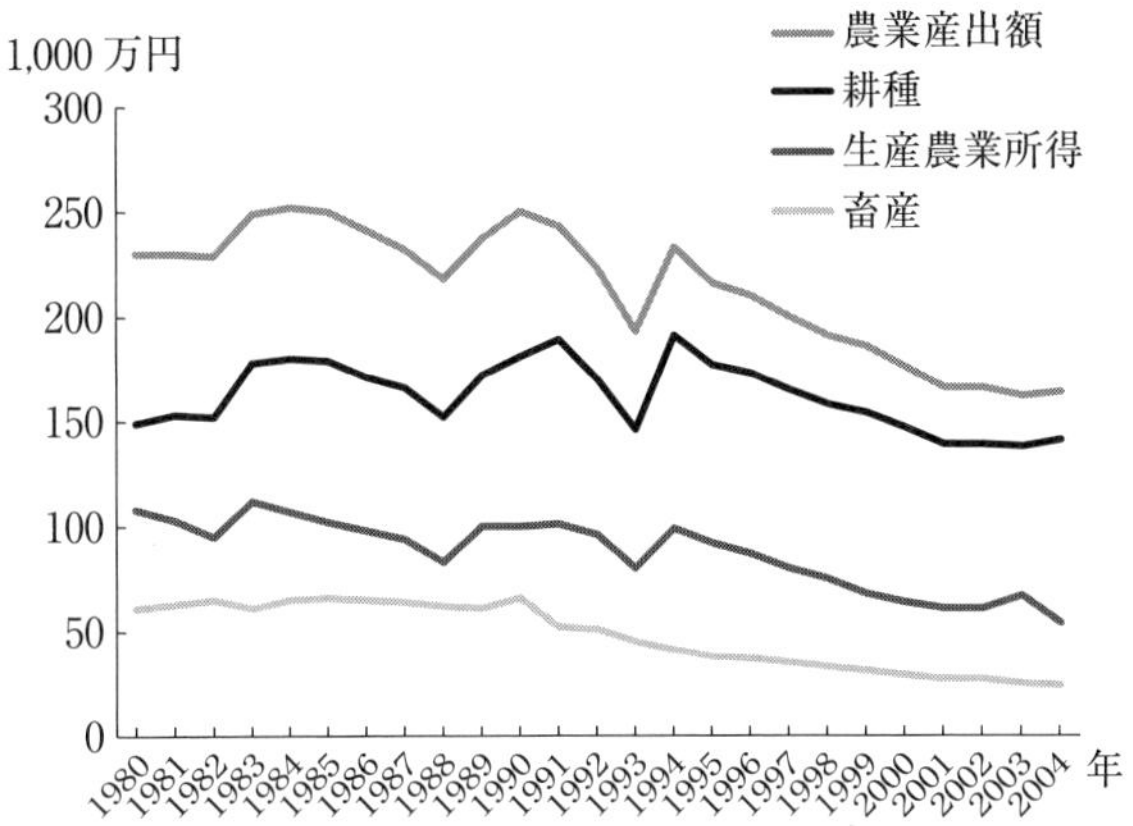

図5-2　農業産出額と生産農業所得の推移

資料）農林水産省「生産農業所得統計」（市町村別累年統計）

ているといえそうである。

この結果、とくに青壮年層の農外流出が進んだ。農業就業人口は１９８０年の２５４２人から１９９０年の２２００人へと減ったが、逆に65歳以上は８１６人から１０９０人へと著増した。同期間における基幹的農業従事者は１１３９人から１０７６人へと５・５％減ったが、１５０日以上の従事者は９７２人から６６８人へと31・３％も減った。２０００年の農業就業人口（販売農家）は１４４８人だったが、２００５年には１１７１人となって１０００人さえ割り込みそうな水準となった。

基幹的農業従事者は２０００年に男女計で６６９人、２００５年に６５５人とほとんど同じだったが、年齢別にみると確実に高齢化が進んだ。２０００年には基幹的農業従事者のうち65歳以上が68・５％の４５８人だったが、２００５年には73・６％の４８２人に達した。さらに、75歳以上は同期間に１５２人から219人へと大幅に増加し、2005年の基幹的農業従事者の20％以上を占めるに至った。

こうした農業労働の高齢化と従事日数の減少は、地域農業の継続性を危うくしている。加えて、同居後継ぎのいない農家の増加が、その危険性を増幅している。同居後継ぎのいる販売農家は、2000年時点で514戸、57・2％に過ぎない。

3　多彩に広がる農村文化活動

佐久病院は、「『農民とともに』の精神で、医療および文化活動をつうじ、住民のいのちと環境を守り、生きがいある暮らしが実現できるような地域づくりと、国際保健医療への貢献を目ざします[8]」という理念を標榜している。病院でありながら、医療だけでなく文化活動にも同等の重みを与えているところに佐久病院の大きな特質がある。

名誉院長の松島松翠は「病院は医療運動体であると同時に、文化運動体でなければな」らないと主張している。その主張は、佐久病院の歴史において、「文化活動は、医療と地域を、あるいは病院と地域を結びつけるキーとな[9]」ってきたという実践に裏づけられている。また地域医療部長の朔哲洋は、「地域医療とは医療が地域の歴史や文化となることと定義し[10]」ている。この発言は、「文化運動的なものがなければ、現在の佐久病院はなかった[11]」という、統括院長・夏川周介の総括とも共通している。さらに伊澤敏院長も、前章でも取り上げた院長リレーインタビューのなかで、「私たちは医療運動体であると同時に文化運動体でありたい」[12]との抱負を述べている。

このように、文化活動は現在のトップ層たちからたいへん重要な位置づけを与えられている。しかし、そのことは何も現在だけでなく、佐久病院の草創期からずっと続いている伝統であり、実際に文化活動を行なう個々の従業員たちに血肉化されてきたといってよい。言い換えれば、文化活動は本業としての医療・看護・保健業務のうえに追加される負担・業務としてよりも、むしろ自らのウェルビーイングを向上させるものとして捉えられたのではないだろうか。

このことは、１９４６年に佐久病院の労働組合が結成された時にスローガンとして掲げた5項目のトップに、「従業員の生活の安定と文化の向上」を置いたことによく示されている。１９４０年代後半という、生きるに精一杯の時代状況のなかで「文化の向上」を労働組合の目標としたことは大いに注目すべきである。組合委員長でもあった若月俊一の意図はおそらく、「文化が大きく発展しないと、本当の人間らしさが出てこない」[13]のであり、本当の人間らしさがないと単なる医療技術の提供者にとどまってしまい、「愛」をもって医療や介護に携わることができないという点にあったのではないだろうか。

実際、佐久病院の草創期における固有の歴史として異彩を放つ出張診療の時点から、医療と文化活動は切っても切れないものとして取り組まれてきた。まさに、車の両輪として機能していたのである[14]。とくに、演劇が大きな役割を果たした。佐久病院では１９４５年に劇団部をつくり、出張診療の際に劇を上演することにした。当初の演劇はすべて従業員のオリジナルな脚本によるもので、演ずるのも従業員という手づくりで行なわれた。劇の内容は、健康を損なういろいろな要因や病気を防ぐための手立てなどをわかりやすくみせることに主眼が置かれたが、それは身近な日常の暮らしや農村特有の慣習などを素材としていたので、村びとたちが頭よりも感覚で納得し、自ら考え実践するきっかけとなった。

旧八千穂村の実践記録『衛生指導員ものがたり』には、1989年の「八千穂健康まつり」で上演された劇・「看る」(寝たきり老人の介護が主題)が演者と観客の両方に大きな感動を与え、村びとたちの考え方を変えていったことが紹介されている。(15) 演者は自分の介護体験と重なってしまい、観客も似たような体験を持つのでお互いに共鳴し合うことができる。こうした感動やわかりやすさが、佐久病院の従業員だけでなく、旧八千穂村の衛生指導員や旧臼田町農協婦人部のように、村びとたち自身が脚本をつくり舞台に立つという動きを生み出した。それは劇による医療・保健教育の進展という直接的効果を狙っていたが、それ以上に農村における文化活動のすそ野を広げた点にこそ大きな意義を認めることができる。

その後、佐久病院の文化活動は劇団部にとどまらず、コーラス部、GDK吹奏楽団、野球部、文化部など多彩なサークルがつくられ、それぞれ活発に活動してきた。旧八千穂村の全村健康管理の報告会には、劇団に加えてコーラス部や文化部などが参加してきたし、佐久病院の病院祭でもこれらのサークルの活動が花を添えてきた。

現在の文化活動は、労働組合の専門部活動として取り組まれている。専門部には学習活動部、地域活動部、舞踊班、茶道班、華道班、写真班、映像記録部、ミステイクダンサーズ、アマチュア無線クラブ、コーラス部、マンドリンクラブ、ＧＤＫ吹奏楽団、楽団ブルーフェニックス、ミルク＆カウボーイズ、野球部、バレー部、卓球部、応援団、劇団部、青年部がある（２００１年度）。そのなかで、特徴的と思われる地域活動部を簡単に紹介してみたい。地域活動部は地域の環境問題、食生活、健康、文化などに目を向け、地域とつながって地域づくりに参加することを目標に掲げている。２００１年には南佐久８カ町村のごみ処理施設計画に対し、「ごみから暮らしを考える会」のメンバーとしての意見を提出した。また「食と農の集い」や秋の文化祭にも調理交流や野菜の販売という形で積極的に関与している。このように、サークルによる文化活動は地域社会との交流をともなうことが多く、地域での文化活動の広がりに役立ってきた。

この点で、佐久病院の内部に設けられている「ふれあいギャラリー」と「いこいの広場」が重要な役割を果たしてきた。「ふれあいギャラリー」は１９９９年ごろに外来棟の廊下を利用する形で設置された。このギャラリーでは職員のみならず、地域住民や地域グループ、あるいは老健入所者を含む患者の作品を展示してきた。現在、ギャラリーの人気が高くて半年先でないと予約が取れないほど好評を博している（表５－５）。作品は絵画、ちぎり絵、写真から押し花、陶芸、生け花にまで及んでいる。いこいの広場とはグランドピアノを置いてある待合ホールのことで、ここで毎月１回か２回の演奏会を開催することが基本的な利用形態である。コーラスや吹奏楽、大正琴の発表会もあるし、音楽以外にも人形劇などを行なう地元のボランティア団体や小学生グループの発表の場にもなっている

年度	出展者・団体	出展内容	件数	展示期間（日）
	団体	写真	1	14
		書道	1	14
	JA	写真	1	11
	佐久病院	写真（労組、秘書広報課）	2	21
		病院祭、夏季大学、手洗いカルタ、糖尿病、医療安全、10大ニュース	6	52
		作品展（佐久老健）	1	14
2011	個人	絵画、版画、切り絵	4	68
		写真	4	41
		書道	1	14
		詩	1	15
		ステンドグラス	1	22
		刺繍	1	14
	団体	絵画、銅版画	4	56
	JA	写真	1	14
	佐久病院	写真（労組、写真班）	3	35
		病院祭、手洗いカルタ、糖尿病、医療安全、10大ニュース	5	60
		生け花	1	3
		作品展（佐久老健）	1	14

資料）佐久病院提供

（表5－6）。いこいの広場では老健の入居者たちと発表者との交流会が行なわれることもある。

このように、ふれあいギャラリーといこいの広場は地域社会と病院、あるいは地域住民と病院スタッフをつなぐ結び目としての役割を果たしてきた。そうした蓄積のうえに、2007年に地域文化ふれあい委員会をつくろうという動きが生まれた。そのねらいは、「佐久病院の文化活動を再構築し、病院と労組が一体となって、協同組合医療運動の柱として発展させよう」

表5-5　「ふれあいギャラリー」の展示内容（2008～2011年）

年度	出展者・団体	出展内容	件数	展示期間（日）
2008	個人	絵画・切り絵	7	98
		写真	4	56
		篆刻	1	14
		折り紙	1	14
		詩画	1	21
	団体	絵画・銅版画	3	48
		写真	2	28
	JA	写真	1	14
	佐久病院	写真（写真班、労組）	2	21
		病院祭、糖尿病、10大ニュース	3	34
		生け花（華道班）	1	3
		陶芸・手芸（佐久老健）	1	14
2009	個人	絵画	6	90
		写真	1	14
		アルミアート花器	1	12
		タペストリー	2	27
		ドライフラワー	1	14
	団体	銅版画	1	14
		写真	2	25
		木彫り	1	12
	JA	写真	2	28
	佐久病院	写真（写真班、労組）	3	42
		病院祭、糖尿病、夏季大学、10大ニュース	4	48
		生け花（華道班）	1	14
		貼り絵・陶芸（佐久老健）	1	14
2010	個人	絵画、ちぎり絵、漆喰鏝絵、絵封筒	7	96
		写真	6	74
		詩、詩歌句画	4	49
		パッチワーク	1	14
		生け花	1	3
		彫刻	1	14

表 5-6　「いこいの広場」の活動内容（2008 ～ 2010 年）

年度	出演者・団体	イベント内容	件数
2008	個人	コンサート（ピアノとメゾソプラノ、歌）	2
	地元団体	コンサート（三味線と民謡、オカリナとサックス）	2
	学校関係	吹奏楽演奏会（中学校）	1
		ブラックシアターと朗読（高校）	1
	佐久病院	コンサート（音楽部、コーラス部、マンドリンほか）	3
2009	個人	コンサート（マリンバ）	1
	地元団体	コンサート（コーラス、雅楽、三味線と民謡、サックスとピアノ）	4
	学校関係	コンサート（小学校、中学校、看護学院）	3
	プロ楽団	コンサート（弦楽四重奏、弦楽アンサンブル）	2
	佐久病院	コンサート（音楽部、コーラス部、マンドリン）	3
2010	個人	コンサート（ピアノ弾き語り、歌とギター、大正琴）	4
	地元団体	コンサート（三味線と民謡、合唱、雅楽）	3
	学校関係	吹奏楽演奏会（中学校）	1
		コンサートほか（看護学院）	1
	プロ楽団	コンサート（弦楽四重奏）	1
	佐久病院	コンサート（音楽部、GDK）	4
		舞踊（舞踊班）	1

資料）佐久病院提供

という点にあった。地域文化ふれあい委員会は、文化活動専門委員会と映像記録専門委員会の２委員会から構成される。前者は「ふれあいギャラリー」と「いこいの広場」をもっと活用するための地域文化の展示企画や交流の活発化が任務である。後者は佐久病院や地域社会に関する映像の保[16]存やその広報利用を担当する。

文化活動はもちろん、佐久病院の内部だけで完結するわけではない。病院の外に出ての演奏活動や競技も地域社会や地域住民と結びつく大切な機会である。吹奏楽団やコーラス部の定期演奏会、あるいは第47回郷土民謡民舞全国大会でグランプリを受賞したことのある舞踊班の発表会などは地域住民の楽しみの機会になっている。

こうして、佐久病院の内外に文化活動をめぐるネットワークが幾重にも張り巡らされていく。このネットワークが文化活動のすそ野を広げていくことで、たとえば農村では質の良い音楽公演が少ないという現状を埋めることができる。ここで重要なことは、文化ネットワークの形成が地域住民たちと佐久病院のスタッフたちによる地域文化の「協創」だということである。多種多彩な人たちが力を合わせ、お互いに刺激し合って自らの文化を創り上げているのである。都市では多様な文化サービスが提供されるが、その多くは受け身で消費するだけにとどまっている。それに対して、佐久地域では文化の消費者にとどまらず、文化の生産者にもなる主体が形成されているのである。そのことが地域全体としてのウェルビーイングの向上をもたらすことはいうまでもない。この点は、第3章で述べた旧JAとうはくが文化活動を重視したことと共通している。

4　有機農業と生ごみコンポスト化が生み出す地域環境認識と地域食文化の形成

(1) 農村医療運動から生まれた有機農業

農村医療運動は臨床医学としての治療だけでなく、疾病構造の社会的背景にも目を配り、旧弊に縛

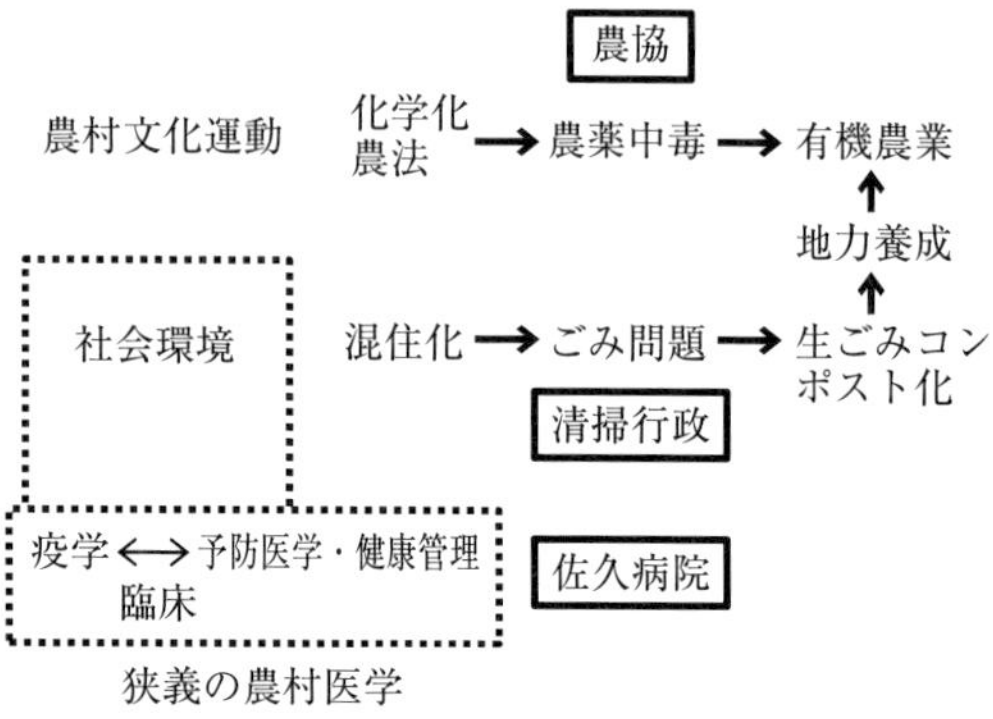

図5−3　佐久地方における地域形成運動

られた農民意識や社会構造の変革を試みてきた。旧臼田町でいう「実践的有機農業」の広範な展開や家庭生ごみのコンポスト化はその具体的現れだということができる。いわば、農村医療・文化運動、実践的有機農業運動、家庭系生ごみコンポスト化事業が三位一体となって、持続的で暮らしやすい地域、すなわちウェルビーイングの水準が高い地域の形成を果たしてきた。あらかじめ、その過程を模式的に示すと、図5−3のように整理できるだろう。この図には2000年ごろまでの歴史的な経緯と主体、および取り組んできた機能を示してある。以下では、この図に基づいて2000年ごろまでの実践的有機農業運動と家庭生ごみコンポスト化事業の経緯と意義および課題を述べたあと、両者の舞台となった旧臼田町の有機農業生産者たちの社会的性格を検討したい。

さて、農村医療運動は前章で説明したように農民に対する深い愛に基づき、その抱える問題を常に対象としてきた。高度経済成長以降、産業医学としての農業医学、ことに農薬問題が農村医療の中心領域につけ加わった。農薬問題への対応は農民個人の問題としてだけでなく、地域の農業そのものを変える広がりを持っていた。すなわち、全国的にみてもかなり早い時期に、旧臼田町では有機農業への広範な取り組みが始まったのである。

まず１９６３年に、佐久病院が付属施設として日本農村医学研究所を設置した。この研究所は主に農薬中毒事故や農業機械事故に関する調査・研究を行なった。１９７０年代になると、地力の減退が問題となり、土づくりの必要性が強調されはじめた。こうした動きを背景にして、農薬と化学肥料に過度に依存する近代農法を有機農業に変えようとする農民の胎動が始まった。このことからわかるように、旧臼田町の有機農業は農民の健康問題から出発している点に特徴がある。

１９７９年には臼田町農協（当時、現在はＪＡ佐久浅間）が農協事業として有機農業に取り組むことを決定した。当時の有機農業は個人ないし小集団が点的に取り組んでいるだけで、農協が前面に出る例はたいへん稀であった。にもかかわらず、臼田町農協が有機農業に取り組むことにした主な理由は以下の3点である。

第一に、１９５０年代後半から１９６０年代にかけて農薬中毒が頻発した。１９６８年の「公民館報」によると、「過去3年間の農薬散布による人体被害は平均25・４％」[17]にも達していた。一方、佐久病院と日本農村医学研究所が１９６０年代半ばから農薬中毒の研究を重点的に行なってきており、その成果が農民たちに伝えられるようになった。また、農村医療運動を通じても農薬の危険性が広く共有されるようになった。そうした実績のうえに１９７５年、全国農村保健研修センターが農協中央組織として旧臼田町に設立された。このセンターは健康管理・安全管理のための研修を実施するほか、付設の圃場２haで有機農業の試験研究をはじめた。ここでの研究項目のなかに、佐久地方の伝統である水田養鯉の実験が入っていたことは興味深い。水田養鯉には、水系全体の良好な環境が必要不可欠だからである。[18] 保健センターのこうした試験研究は、農村医療運動と有機農業とを具体的に結びつけるメカニズムの一つである。

第二に、1970年代初頭から野菜の連作障害が多発しはじめた。とくに、県下全域を覆ったキャベツ類の根こぶ病や萎黄病が旧臼田町でも大きな問題となった。[19] 連作障害対策としては、輪作や地力の増強が有効である。しかし、輪作は零細な経営規模のために困難である。そこで、土づくりに力点がおかれることになったが、町内では堆厩肥源が不足していた。この堆肥不足を解消しようとして、1978年に家庭系生ごみを主原料とする臼田町堆肥製産センターがつくられ、稼働しはじめていた。

第三に、全国の農村と同様に、旧臼田町でも高度経済成長のなかで急速に兼業化が進み、また農業従事者も高齢化して、農業生産が頭打ち傾向を示すようになって、何らかの打開策が求められた。零細な経営規模のもとで、農家の数を減らさないためには付加価値を高めるような対応が必要である。有機農業はその可能性を持つと考えられた。この意味で、旧臼田町の実践的有機農業は零細兼業・高齢農家対策という性格を帯びざるをえなかった。これには、旧臼田町の専業農家がりんごと花卉に特化しており、その有機農業化は困難を伴うという事情も存在した。

臼田町農協が有機農業に取り組むことを決定した翌年の1980年には「臼田町実践的有機農業を考える会」が発足し、さらに1982年には「臼田町有機農業研究協議会」(現在は佐久市有機農業研究協議会)へと発展した。「協議会」が標榜する「実践的有機農業」とは、「環境破壊を伴わず地力を維持培養しつつ『健康的で味の良い食物を生産する農法』」（協議会規約第3条）を意味する。つまり、「農薬と化学肥料づけの農業」から農産物本来の味を引き出す農法に変えることが目的である。同時に、その味を足下の消費者に伝え、「消費者による健全な食文化を臼田町に興すこと」（規約第3条）を目的に据えていることも忘れてはならない。構成団体には、臼田町農協、日本農村医学研究所、佐久病院、旧臼田町、全国農村保健研修センターのほか町議会と農業委員会が名前を連ねた。それは町全体として、有機農業を推進しようという決意の表明であったといってよい。1981年には、旧臼田町で長野県有機農業研究会の結成総会が行なわれた。これ以降、県の有機農業研究大会や日本有機農業研究会の集まりが頻繁に行なわれるようになる。このことは、旧臼田町が県下における有機農業運動の核として主導的役割を担うようになったことを示している。

右記のような組織的整備の一方では、1981年に有機レタスの契約栽培が実現し、また1982年からは品川区の学校給食用に有機ジャガイモを供給しはじめた。有機レタスは1979年から、有機ジャガイモは1980年から始まっていたが、こうした出荷先の拡大により、有機レタスの栽培農家数は1980年代初めに100戸を超え、さらにジャガイモは1980年代後半に300戸を大きく上回るに至った（表5－7）。このように、有機農業に取り組む農家の数はかなりの広がりをみせた。ただ、平均の栽培面積はいずれも10ａ未満と小さく、販売金額もさほど多くはなかった。このことは、旧臼田町の有機農業がもともと兼業・高齢農家対策としての性格を帯びていたことの反映でもある。そのため、有機農業農家数は1990年代に入ると減少傾向をたどった。とはいえ、2012

表 5-7　初期における有機農業の農家数と栽培面積

年次	春レタス			ジャガイモ		
	農家数（戸）	面積（ha）	単価（円／ケース）	農家数（戸）	面積（ha）	単価（円／kg）
1979	46	3.3	1,011	−	−	−
1980	58	4.5	666	112	2.8	88
1981	75	5.3	1,207	115	3.1	69
1982	102	8.2	1,051	294	8.5	72
1983	105	8.3	660	330	8.5	91
1984	87	7.5	908	290	8.0	80
1985	75	7.5	909	385	8.0	86
1986	86	7.5	721	320	8.0	79
1987	80	7.0	983	335	8.3	63
1988	83	7.0	842	335	8.0	71
1989	78	6.5	865	305	8.0	79
1990	75	6.2	561	98	8.0	78
1991	75	6.0	747	155	4.5	105
1992	68	5.4	769	150	4.0	102

資料）臼田町有機農業研究協議会『実践的有機農業に関する調査研究』1990〜1992 年、農協資料
注）1 ケースは 20 個入り

年現在も初期の有機農業をリードしたレタス部会や「ゆうきクラブ」、あるいは１９８８年から始まった有機稲作（有機米部会）は活発に活動を行なっている。

このように、旧臼田町では多数の農家が小規模の有機農業に取り組んできた。経済的成果は別として、多数の農家が早い時期から有機農業に取り組んだ例は珍しい。ここに、臼田における有機野菜栽培の最大の特徴がある。それは何といっても、農村医療運動のなかで形成された農民自らの健康や生態系に対する認識、農協の積極的な指導という歴史的・制度的要因があったからである。いわば、地域に内在化されている医療文化・地域環境認識が、有

機農業の空間的広がりをもたらしたといえる。

(2) 生ごみのコンポスト化

実践的有機農業は土づくりを重視する。そこで、その技術的側面を支えるとされた生ごみのコンポスト化事業について述べておこう。旧臼田町の農政課は１９７０年代前半から、有機質肥料を供給するための施設として堆肥センターの建設計画を持っていた。構想段階では町内にある畜産団地の糞尿を利用する予定であったが、近隣の高原野菜産地が糞尿を高値で買うようになり、堆肥原料が確保できなくなったために、堆肥センターの建設計画は宙に浮いたままの状態に置かれていた。

一方、高度経済成長の過程で佐久地方でも混住化が進むとともに、生ごみを庭先で堆肥化して圃場に返すというような農家流の生活スタイルが少数派になり、生ごみを「ゴミ」として廃棄する都市的な生活様式が広がったために、家庭系生ごみの処理が清掃行政の課題として浮上してきた。１９６６年には、旧臼田町を含む三つの自治体が生ごみの共同埋め立てを始めたが、処理場にカラスやネズミが集まってきて周辺農地の作物が被害を受けるという問題が発生してしまった。そこで、１９７１年には佐久地方の16カ市町村を対象とする広域ごみ焼却施設が計画されたが、それは建設予定地住民の反対によって頓挫してしまった。このため、旧臼田町の清掃行政は再び、町として自前のごみ対策を導入する必要に迫られていた。

そこに、農政課では有機質肥料の給源がなくて困っているという情報が入ったのである。さっそく清掃行政担当の町民課が農政課に生ごみをコンポスト化する計画を提案したところ、「渡りに船」とばかりに受け入れられた[20]。こうして、農林行政と清掃行政が結びつき、家庭系の有機性廃棄物を地域内で循環させるシステムの構築が始まったのである。その中心をなす堆肥製産センターは、折からの土地利用型集団営農推進事業の補助を受けて1978年4月に完成した。家庭系生ごみや佐久病院の給食残渣などに、牛糞やバークなどを混入して発酵させる方式である。混入物は堆肥の品質向上を目的としており、その内容もだんだんと変わってきた[21]。なお2001年には畜産再編対策事業の補助を受けて施設の更新を行なっている。

1970年代後半には、生ごみを主原料とする堆肥製造施設は全国的にも数カ所しかなかった。家庭系生ごみを有機質肥料に変え、それを農業で利用するという発想はほとんどなかったのである。よく知られている山形県長井市のレインボープランにしても、その策定は1990年代初めのことである。この点で、旧臼田町の生ごみコンポスト化はとても先進的だったといってよい。

とはいえ、生ごみコンポスト化の意義はその先進性だけにあるわけではない。むしろ、地域住民の協力態勢が確立された点にこそ重要な意味がある。というのは、有機性廃棄物の地域内循環システムはハード部分をうまく回すためのソフト・システム、つまり分別収集と異物混入の防止がポイントになるからである。最初の排出段階で徹底した分別が行なわれないと、コンポスト化段階でコストがかさむだけでなく、肝心の堆肥として使い物にならなくなってしまう。そこで、有料の指定ごみ袋と名前の記入を義務づけ、この条件を満たさないものは収集しないという制度を導入するとともに、地域住民に理解してもらうための説明会を何度も開催した。このシステムが軌道にのるまでは、町の職員が住民と一緒に、生ごみの収集段階できちんと分別されているかどうか点検したり、ビニールや金属類を手で除去したりするなどの苦労があった。

こうした地道な取り組みによって、分別率はつねに95%を超えるようになり、異物混入率も大きく減少した。ごみ資源化率も1992年に、生ごみ堆肥を含めて48・5%と5割近くの数字を達成した。このような成果を上げた分別収集の徹底と有機質肥料の生産は、地域住民、とりわけ市街地の住民たちが環境への関心とその保全の重要性を村びとたちと共有するきっかけとなった。農業を基盤とする地域環境認識（regional eco-consciousness）の形成である。ここに、生ごみのコンポスト化の最大の意義があったといえる。それゆえにこそ、次の節で述べるように、健全な農業環境を背景とするアグロ・メディコ・ポリスの展開が可能になるのである。

とはいえ、堆肥製産センターの堆肥は必ずしも実践的有機農業に携わる農民たちに流れたわけではない[22]。最初のころは、りんご農家や花卉農家がコンポスト堆肥を購入していたが、その数はあまり多くなかったし、また有機農業の実践者だったわけでもない。むしろ、一般市民の家庭菜園用消費のほうが多かった。この意味では、当初の企図とは違って堆肥製産センターと実践的有機農業とが緊密に結びついていたとはいえない。

1990年代半ば以降になると、堆肥製産センターはごみ減量対策として外部から注目を集めるようになり[23]、町自身の位置づけもその方向を重視するように変わった。実際、町民課保健衛生係の担当者は、堆肥製産センターを「あくまでも有機農法に役立つ良質の堆肥を生産する施設として位置づけている」ものの、現実的には生ごみの「リサイクルと減量に大きな役割を果たしている」と認めている。[24]

本来、生ごみのコンポスト化施設が必要なのは都市地域の自治体である。生ごみ問題はすぐれて都市問題である。ごみ処理問題としてみる時、臼田町の堆肥製産センターはほかの大規模処理方法に比べていくつかの優れた点がある。何よりも徹底した分別と住民の協力、施設費と運営費の安さ、ごみの減量、循環性の確保、投入エネルギーの少なさなどが、それである。しかも、大半の堆肥は非農家の家庭用菜園で利用されている。2013年現在、1kgあたり7円で販売され、年間に1500人以上の市民が利用しているという。このことは、当初の意図と違うとはいえ、広範な消費者が自ら有機農業の「実践者」として登場していると評価することができる。Iターンによる若手の有機農業実践者が増えているとはいえ、その数は限定的であることを考えると、実践的有機農業の非農家への拡大は新しい可能性を生み出しうるだろう。こうした実践は地域環境認識を強化するとともに、後で述べる地域自給運動や食文化の再興ともつながる動きだからである。

(3) 有機農業実践者の社会的性格

有機農業実践者にとって、その意味は一様ではない。一方の極に、有機農業の本来的な役割を強く前面に出し、それを一種の社会運動として拡大していこうという動きがあれば、他方の極には安全性の「商品化」にともなう有機農産物の高付加価値を手に入れようとする動きがある。また自らの生活の質を高めるために、ライフスタイルとして有機農業を行なう動きもある。大胆に整理すれば、佐久地方の実践的有機農業はこれら3種類の動きが重なり合っている。ここではそれぞれ「運動型有機農業」、「高付加価値追求型有機農業」、「生きがい型有機農業」と呼んでおこう。以下では、本書の課題に照らして最後の「生きがい型有機農業」に焦点を合わせるが、その前に前二者の概要を説明しておく。

運動型有機農業は臼田地域では少数派である。この型は「土と健康を守る会」の会員によって担われてきた。「守る会」は１９７７年に、臼田を含む東信地区で９人の農民によって結成された。うち、臼田在住の農民は３人である。会員の１人は合鴨稲作を導入している。また別の１人は、父親時代に行なっていた農薬依存の葉たばこ生産による健康障害への懸念から、有機農業に転換した「確信的有機農業派」である。「守る会」は、運動型有機農業に多い産消提携へのこだわりをもち、都市住民との提携に重点を置いている。また、高付加価値の追求には批判的である。

高付加価値追求型有機農業は農協の当初の狙いの一つだった。有機農業は、健康・安全な農産物の提供による高価格の実現が期待できるとして、小規模で、収益性が低い農業の発展手段として考えられた。しかし、このタイプを担う農民はわずかだった。相対的に規模の大きい専業的農家は経営部門の転換リスクを嫌ったし、大多数の農家は兼業化するか高齢化していて高付加価値を追求しようとする動機が乏しかった。そのうえ、当初の思惑通りにはレタスもジャガイモも高価格が実現されなかった。とはいえ、有機農業農家のなかには、規模拡大意向を持つ人たちもいる。目的は、有機農業にとって望ましい輪作を行なうことにある。彼らは経営耕地規模を拡大しても作付面積はあまり増やさずに、ゆとりのある営農を実現したいと考えている。

佐久地方の有機農業における多数派は生きがい型有機農業である。この型は、農協が当初に持っていたもう一つの狙いである兼業・高齢者農家対策に対応している。兼業農家や高齢者農家の主要な関心は農地を荒らさずに保全することにある。生きがい型有機農業に取り組んでいる農民たちは、有機農業についてだいたい以下のような感想を持っている。

有機農業は堆肥づくりが難儀で、その運搬もなかなかつらい。無農薬だと、管理に手間暇がかかる。しかし、ことに年寄りにとっては若い時の経験を生かすことができる。それにことさら有機農業といわなくても、このあたりでは気候の関係で春先の農薬散布はもともと少なかった。有機栽培の野菜は、都会に出ている子どもたちに送ると喜ばれるし、自分たちの健康にもいい。だから、面積さえさほど広くなければ多少の手間暇をかけても、楽しみながら農地を活用していくことができる。収穫した有機野菜は自分たちだけで消費し切れないので、農協に出荷すればそれなりの価格で販売できる。ただ契約栽培は規格が厳しいので、選別・荷造りが大変だ。栽培と選別の手間を考えればもう少し高くてもいいと思うが、それでも収入が大幅に増えるわけではないので、無理をしてまで有機農業を拡大しようとは思わない。ただ、自分の楽しみのために有機農業は続けていきたい。

すなわち、小規模有機農業農家は自給の延長上に有機農業を位置づけながら、農地の保全と全体としての生活の豊かさの達成にその意味を求めている。また農協の有機野菜事業は、高い経済的成果をあげたとはいえないにしても、自給的小規模生産に所得化の道を開いた。こうした意味で、農協の有機野菜事業は、ささやかながらも追加的収入とそれ以上に大きな生活の豊かさを生み出した。この点にこそ、生きがい型有機農業の意義があるといってよい。

以上の検討のように、臼田の実践的有機農業は、その担い手の狙いと性格によって運動型、高付加価値追求型、生きがい型の三つのタイプに分けられる。おのおのの原理はそれぞれ、関係性、利潤、生活の豊かさにあるといえる。ただし、実際の担い手が厳密にいずれかに分類されるわけではないし、またそれぞれが必ずしも対立的ではない。運動型が結果として、高付加価値を手に入れることもある。高付加価値追求型の担い手にとっても、単なる契約栽培だけでなく、関係性を持つネットワークが必要である。生きがい型にとっても、可能な範囲での高付加価値は望ましいことである。

（４）有機農業と「健全な地域食文化」の形成

有機農産物の認証は、化学肥料・農薬などの化学合成物質の不使用を基準としている。この理解はわかりやすいが、有機農業が持つ、より積極的な意味を欠落させている。有機農業は、動植物そのもののもつ生命力に依拠しつつ、その生命力を高めるように環境生態系を整えることによって生産の持続性を保障するとともに、人間の生命を支えるという農本来の役割を果たす。そのためにこそ、合成化学物質の投入を控え、素材循環の完結を図って地力を養成する。その結果として、耕地生態系における生物種の多様性や農民・消費者双方の健康と安全が生み出される。つまり、有機農業は生命と食の空間的連鎖をつむぐ関係性のシステムなのである。

旧臼田町の有機農業が「実践的」と名づけられた背景には、このような空間的関係性を志向する問題意識があったように思われる。空間的関係性は、有機農業農家をどのように増やすかという生産段階でのベクトルと、それによって生産された食べ物を消費者の暮らしにどう組み込むかという消費段階でのベクトルの双方を含む。だから生産段階では、有機農法の原理を過度に押しつけ、有機農業を点の存在に限ってしまうことは「実践的」でない。むしろ、化学化農法の問題について認識を共有するなかで、ある程度の採算性を考慮しながら有機農業的な営農を少しずつ増やし、地域全体として環境生態系を整えることが実践的有機農業のミッションなのである。他方、消費段階では、健全な地域食文化のあり方を提示し、その振興に向けた働きかけが重要な課題である。すなわち、実践的有機農業は、佐久地方という暮らしの舞台を農と食の側面から再編しようとする。

こうした観点に立つと、1980年代半ばまでの旧臼田町における有機農業の展開には、克服すべき本質的な問題が含まれていた。すなわち、それはどちらかというと町外の需要に対応するもので、必ずしも「健全な地域食文化」の再興には貢献していなかったのである。このことに対する反省が1980年代半ば頃から具体化してくる。まず、農協婦人部が1986年に「食の学習活動」を拡大し、意識的に地元との関係を強化する取り組みを始めた。1987年には、農協婦人部が中心となって「食と健康を考える懇談会」を開催し、また「食源病」の予防を目指して地域自給運動を開始した。１９８８年には「健康で安全な食べ物生産と地場消費をめざす集い」が開かれる。このようなイベントによる地元消費者との結びつきは、さらにモノを通じた具体的な関係性の構築へと展開していく。

それは直売市という形態をとった。１９８８年に、婦人部が佐久病院内に「まごころ市」を設けたのである。当初の出荷会員は13人だったが、初年度末には33人へと増加し、１９９０年代半ばには50人を大きく超えるほどになった。直売所農産物への需要はその後着実に増え、佐久病院内だけではまかなうことができずに農協の臼田支所に直売所を新設しなければならないほどだった。さらに１９８８年には、無添加果実加工ジュース工場が県の補助事業によって完成し、地域自給運動の品目が増えた。１９９１年には、農村保健研修センターの実験農場に有機野菜の直売所「風土庵」も開設された。ここで販売される生産物は、主に農家女性の野菜生産グループ「土を愛する会」が「共同ふれあい畑」（借入）23ａなどで生産している。

ところで、地域自給運動の指導的役割を担った農協生活指導員は、１９８５年にできた「佐久町健康問題連絡会」にも参加していた。この連絡会には保母、給食調理員、栄養士、保健婦などが参加し、主として子どもの健康問題を考えてきた。その過程で１９９０年に、地場産の有機農産物を学校給食に供給できるようになった。また一部の小学校では、農協・婦人部共同開発の地場産小麦１００％のうどんやラーメンなどの加工品も給食に利用している。こうして地域自給運動は、地域の次世代を担う子どもたちへと拡大してきた。それは子どもの健康への配慮と地域食文化の継承という二重の意味をもっている。

以上のような地域自給運動の拡大は、生産者と消費者という枠が固定的である。1990年代に入ると、この枠を越えようという動きが起こってくる。すなわち、1992年に始まる家庭菜園向けの「有機農業実践講座」の開催である。その目的は、消費者にも有機農業を実践してもらい、地域内における有機農業への関心の拡大・深化と、その過程を通ずる生産者と消費者との結びつきの強化にある。参加者はまだまだごく一部に留まっているが、この動きは生産・消費の枠を流動化するという意味で、従来の発想を大胆に転換するものである。それは、A・トフラーのいう「生産＝消費者」（プロシューマー）経済への先駆的実践ということもできよう。(25)

5　アグロ・メディコ・ポリスの形成とその担い手

(1) アグロ・メディコ・ポリスの機能

第4章と第5章では、長野県佐久地方を対象としてその地域形成の特質を論じてきた。その最大の特質は佐久病院を中心とする農村医療・文化運動の展開とそこから生まれた実践的有機農業と生ごみコンポスト化の取り組みにある。それは相互に関連しあいながら、持続的で暮らしやすい農村地域を形づくってきた。農村医療・文化運動は疾病構造とその背後にある社会経済関係に対する関心を高め、身体的側面に加えて気持ち的にも「良い状態」を生み出すための主体的な動き（主体的福祉力）をいくつも育て、地域内の物質循環を組み込んだ健全な農業環境と消費スタイルの拡大にも貢献してきた。

本章第1節では、以上のような佐久地方の地域形成を念頭に置いて、結論をやや先取りする形でアグロ・メディコ・ポリスのポイントを概念的に指摘した。以下では、佐久地方においてどのような主体がアグロ・メディコ・ポリスを構成しているのか、アグロ・メディコ・ポリスの充実のためにはどのような課題があるのかを述べて本章の結論としたい。

最初に、アグロ・メディコ・ポリスという概念について簡単に再確認しておこう。本章第1節で述べたように、アグロ・メディコ・ポリスとは、農村の地域キャピタルがさまざまの医療・保健・介護関連事業と有機的かつ緊密に結びつき、その各側面を構成する主体と機能のあいだに経済的循環と物的循環が形成されている社会経済的複合体のことを指す。なお、ポリスを古代ギリシャの都市国家として限定的に捉えると、アグロ・ポリスはやや形容矛盾にみえるかもしれないが、ここではポリスを社会的なまとまりとして理解しておきたい。また農林水産省が1991年に「アグロポリス構想」事業を始めたが、そこでの「アグロポリス」とは先進的農業による地域振興を図るための農業支援機能を集積している地理的空間という意味で用いられている。だから、医療・保健・介護やその周辺領域にかかわる人びとや組織が集まり、農村という空間的にも機能的にも広がりのある環境のもとで、緩やかで幅は広いながらもある共通の方向に向けて集合的行為を営んでいる地域社会のことをアグロ・

メディコ・ポリスと呼んでもよいと考える。

したがって、アグロ・メディコ・ポリスを機能の面からみると、医療・保健・介護の側面、環境的側面（物質循環、景観、生態系保全）、個人・集団・組織の社会関係と制度に関する側面、産業的側面（経済効果、地域労働市場）から捉えることができる。

医療・保健・介護はもちろんそれぞれ固有の領域を持つが、同時に身体的自立の確保という面で共通性を持っている。この機能については、佐久病院の農村医療運動、旧八千穂村の全村健康管理、佐久老健などを中心に述べてきた。

環境的側面に関する機能としては生ごみコンポスト化と実践的有機農業による物質循環に重点を置いてきたが、佐久地方は長い水田養魚の歴史を持つことからわかるように水の保全が社会のなかに組み込まれている。本書では、こうした景観や生態系保全とかかわる環境的側面について十分に検証できなかったが、有機農業の実践が物質循環以外の環境的側面の保全・向上に貢献していることはいうまでもない。アグロ・メディコ・ポリスにおいて環境的側面が重要なのは、暮らしのウェルビーイングを高めるうえで不可欠の要素であるだけでなく、農村地域キャピタルの淵源になっているからである。清澄な小川の水を田に引き入れ、緑の稲の上を吹き渡ってくる風で暑気を払い、黄金の稲穂の上を飛ぶ赤とんぼにしばし時を忘れる。こうした何気ない農村の時間と空間こそがウェルビーイングの質を高くする。それは効率と経済価値だけを追求する近代農業ではなく、やはり有機農業のように持続性を重視する〝農〟の営みによって可能である。そうした環境のなかでこそ、たとえばリハビリや療養の機能はよりよく発揮されるだろうし、シルバー・ビレッジの可能性も開けるのではないだろうか。

個人・集団・組織の社会関係と制度に関する側面については、医療・保健・介護および有機農業を軸として述べてきたが、これらを統合するうえで大きな役割を果たしているのが農村文化活動である。農村文化活動自身は精神的充実や生きがいの強化という面で大きな効果をあげるが、どちらかというと私的な性格が強いと理解されがちである。もちろん、農村医療運動の初期のころを除くと、農村文化活動が直接、医療や保健あるいは農業における個々の行為に影響を与えたり相互に結びつけたりしているわけではない。

それにもかかわらず、農村文化活動が社会的にも重要なのは人びとの交流・移動が活発になり、そのことによってさまざまなネットワークの結び目が生まれたり、異なった機能・領域の取り組みを連携させて実施する際に重要なお互いの共通理解あるいは「共通言語」をえたりすることが可能になるからである。ここで、あえて「共通言語」という言い方をしたのは、生まれ育ってきた場所や主に活動している領域、あるいは世代によって価値観や世界観が異なり、同じ言葉を聞いてもイメージする内容がばらついてしまい、協同がうまくいかないことがしばしばあるからである。

(2) アグロ・メディコ・ポリスの構成主体と経済的効果

第4章と第5章では、以上の要約のように産業的側面を除く三つの機能について論じてきた。そこ

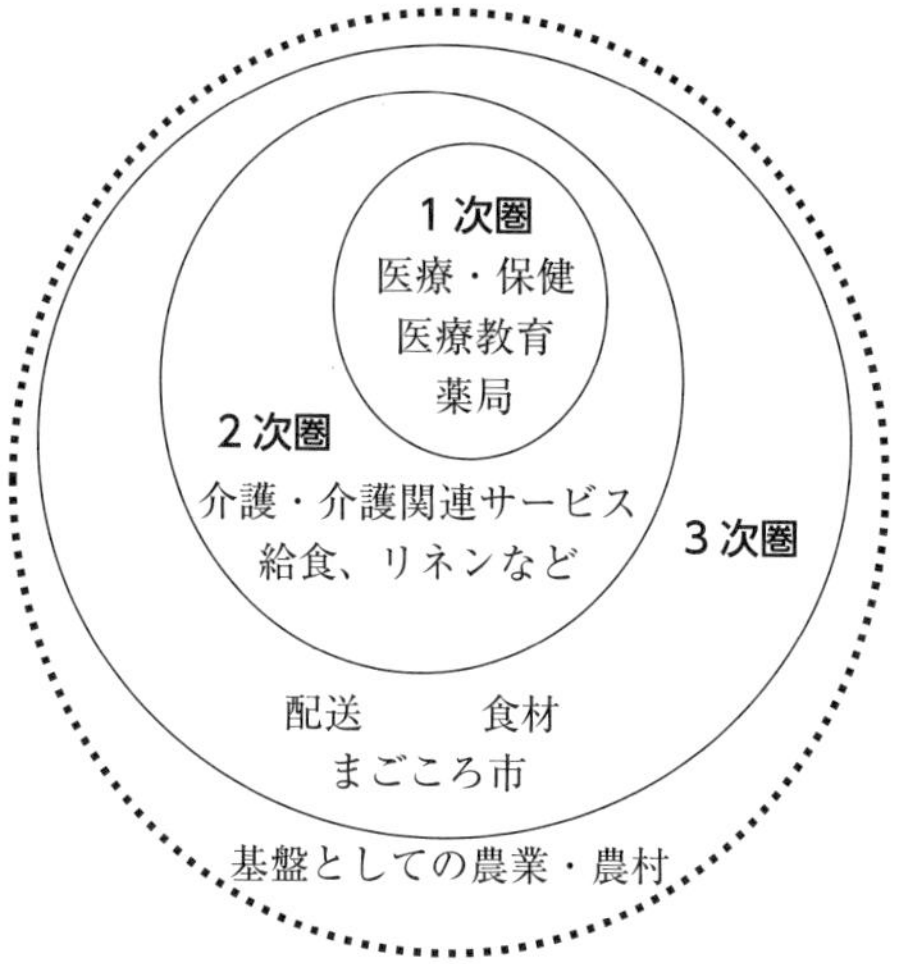

図5-4　アグロ・メディコ・ポリスの三重構造

資料）筆者作成

で次に、これまで明確に論じてこなかった産業的側面に重心を置きながら、どのような主体がアグロ・メディコ・ポリスを構成しているのかを検討したい。

アグロ・メディコ・ポリスの産業的側面は、中核に位置する医療産業との直接的関係の程度に応じて図5−4のように三つの圏域に分けられる。1次圏は病院、医院や診療所といった医療機関、薬局、医療や看護の教育機関、医療研究所などからなる。2次圏は、介護・介護関連サービス機関、シルバー・ビレッジ、給食やリネンなどのサービス提供機関などである。3次圏は食材の供給や配送、病院での直売所運営グループなどから構成される。以下、それぞれの圏域についてもう少し詳しく説明しよう。

1次圏の核に座るのはなんといっても佐久病院である。佐久地方にはほかに、佐久市立浅間病院や赤十字病院、民間病院、個人医院などが歯科を含めて200カ所近く存在するが、大半は佐久市とその周辺に集中しており、佐久病院小海分院に大きく依存する南佐久地方との差は大きい。医療機関以外では、佐久大学看護学部（２００8年開設）や佐久病院看護専門学校といった医療・看護教育機関の存在感が大きい。地味ではあるが、佐久病院の付属施設である農村医学研究所や東洋医学研究所の存在も指摘しておきたい。薬局は佐久地方に74件あるが[26]、佐久市の旧市街と旧臼田町佐久病院周辺に集中しており、いうまでもなく医療機関の立地と重なっている。

２次圏では、医療や看護と連動する介護や介護関連サービス（狭義の福祉）をになう組織や集団が主な構成主体となる。２０００年頃までは、介護・介護関連サービス系の施設が大幅に不足していたが、ここ十数年ほどのあいだにだいぶ整備されてきている。２０１３年5月現在、佐久地方では介護予防支援事業所（地域包括支援センター）が5カ所、居宅介護支援事業所が33カ所、通所介護（デイサービス）が40カ所、通所リハビリが7カ所、訪問介護（ホームヘルパー派遣）が35カ所、訪問看護ステーションが12カ所、訪問リハビリが8カ所、それぞれ事業を行なっている[27]。そのなかには、医療関係機関だけでなく、ＪＡセクターや社会福祉協議会系列の事業体がかなりの割合で存在している。さらに、全国チェーンの民間事業体が進出したり、地元の中小事業体が参入したりして活況を呈している。介護老人福祉施設（特別養護老人ホーム）は8カ所、介護老人保健施設は佐久老健を含めて5カ所が営業している。認知症対応型共同生活介護施設（グループホーム）は5カ所である。こうした施設系の充実とともに、会員１００名以上を有するボランティア団体の「友愛会」やＪＡ佐久浅間の「ささえ会」、あるいはＪＡが育成してきたヘルパー（農家女性）が活発に動いており、２次圏では大きな役割を果たしていることが注目される。

3次圏には、病院給食への食材提供業者、農家グループ、まごころ市を運営するJA女性部や、医療機関のメンテナンス（清掃や廃棄を含む）を請け負う業者などが含まれる。病院や福祉機関を結ぶ配送サービスも利用者ニーズからすると無視できない。さらに、見舞客のニーズにこたえる花屋とか飲食店のようなサービス業も3次圏に含めることができるだろう。

それではこうした三重構造を持つ佐久地方のアグロ・メディコ・ポリスはどれほどの経済効果を上げているのだろうか。遠藤宏一は、1990年段階における佐久地方の産業別生産額を推計して、地域全体の産業構造の解明を試みている(28)。旧臼田町では機械工業、建設業、医療・保健の3業種がそれぞれ、町全体の生産額の2割前後を占め、医療事業体の数では旧臼田町よりもずっと多い佐久市では、医療・保健の比率は1・9%にすぎない。おそらく、全国でも医療・保健が旧臼田町ほどの比率を占めているところは少ないものと推測される。しかも、旧臼田町の医療事業体の数と規模から判断すると、この医療・保健部門の生産額は大部分が佐久病院によるものと推測できる。こうしてみると、改めて佐久病院の地域経済における存在の大きさが実感できる。

しかも、遠藤の分析は産業連関表をつくるときに必要な産業別生産額の推計にとどまっており、部門間の全体的な相互関連と医療・保健による波及効果までは分析対象としていない。あくまでも医療・保健サービスが生み出した生産額だけである。だから、1次圏だけでも医療・保健機関と取引きする事業体の経済成果が抜け落ちている。そのうえ、アグロ・メディコ・ポリスは三重構造を持つから、２次圏の福祉・介護サービスや３次圏の存在も考慮しないといけない。だから、アグロ・メディコ・ポリスの産業的意味はもっと大きく見積もる必要があるだろう[29]。

ちなみに、佐久病院の２０１０年度における取引業者の概要を表５‐８に示した。佐久市と南佐久郡の業者（佐久病院では佐久広域業者と呼んでいる）および売店と委託業者の大部分は地元業者なので、全取引業者数４６１のうち半分強程度が佐久地方の業者ということになる。そのうち売店関係や委託（清掃やリネン類など）は地元業者が参入できているが、取引額の大きい医薬材料は地域外業者に依存せざるをえない状況にある。また医療廃棄物の処理など特殊な技術と管理体制が必要な業務も県内の専門業者に委託している。アグロ・メディコ・ポリスの観点からすると、医薬品の調達・販売業者や医薬品関連産業の誘致・育成が大きな課題として浮上する。

表５‐８　佐久病院における取引業者の概要（2010年度）

種類	業者数	取引金額（100万円）	地域
佐久広域業者	196	855	佐久・南佐久
売店取引業者	30	118	地元中心
委託業者	25	646	地元中心
医薬材料	88	6,453	地域外中心
全業者	461	8,331	

資料）佐久病院提供資料

また佐久病院の従業員は２０１２年２月１日現在で正職員が１６６１人、臨時職員が３３５人である。佐久地方でも有数の従業員規模を誇る大規模事業所である。２０１０年の給与費は１００億円を超えている。したがって、住民税だけでもかなりの額にのぼるし、これだけの数の職員と家族による消費は地域経済にとってたいへん大きな意味を持っている。

佐久病院は、ここまで述べてきたようなアグロ・メディコ・ポリスの産業的側面を仕事の創出という観点から捉えて、「メディコ・ポリスの実現」を行動目標として掲げている。その際のメディコ・ポリスは基本的に、川上武の提案による医療看護系高等教育機関、製薬産業など医薬品・医療機器関連企業やシルバー・ビレッジの誘致が中心であり、そのうちの高等教育機関は佐久大学の設置によって実現されたが、医薬品・医療機器関連企業や関連研究機関は立地するに至っていない。その意味では旧佐久市・旧臼田町におけるメディコ・ポリスへの道は遠い。逆に、南佐久地方では「小さなメディコ・ポリス」の構築を目指して、JR小海駅に分院とショッピングセンターを併設するという思い切った手を打ち、過疎地におけるモデルが動き出した。(30) しかし大事なことはメディコ・ポリス構想のどの要素が実現できたかどうかではなく、この構想が「『地域づくり』『地域再生』を目的としており、さらに、この目的は『農民とともに』の理念を基底としていた」(31) という原点をふまえて、健全な農業・農村環境のうえにウェルビーイングの高い地域社会の像をいかに描くことができるのかにある。

(3) 佐久地方におけるアグロ・メディコ・ポリスの課題

それでは、ウェルビーイングの高い地域社会の像を描くうえで、どのような点を考慮に入れればよいのだろうか。いくつかの課題または論点を提示することで本章をまとめることにしよう。

何よりも重要なことは、川上武がいうように、地域の荒廃を防ぐためには「地域経済と地域医療との結合」が重要である。(32) それは物的な意味での「暮らし」と身体的レベルのいのちとを結びつけ直すことであり、具体的にはオルタナティブな新しい仕事の創造、食と営農方法の見直し、環境のもつ意味の再評価を通じて、自らの意思による自らの地域形成を強く自覚することにほかならない。すなわち、アグロ・メディコ・ポリスは全生活過程の再検討を要請する。繰り返しになるが、アグロ・メディコ・ポリスが形成される場としての健全な農業・農村環境は必ずしも経済的な意味は大きくないかほとんど持たない地域キャピタルである。にもかかわらず、それがないとアグロ・メディコ・ポリスが成り立たないという意味で決定的に重要である。

こうした理解の芽は早くから生まれていた。１９８７年から旧臼田町農協が全戸に石けんを配置したのもその一つの現れであろうし、まごころ市の売上げの５％を「まごころ基金」として積み立て、独り暮らしの高齢者に食材や花束を贈ったり、障碍者のための資金に寄付したりするような対応もまた、経済と環境と福祉とを結ぶ新たな地域形成への動きであるといえよう。こうした芽をいかに引き継ぎ、強化していくのかが問われている。

佐久地方において、こうした方向への再編はその歴史的蓄積のうえに可能である。医療や介護による健康の「安心」、有機農業による「健全」な食文化、ごみ減量にみられる「快適」な環境は、人びとにとって「生活価値」(33)の重要な構成要素となる。このような暮らしを軸に据える地域形成こそ、ウェルビーイングの本道にほかならない。歴史的蓄積は地域キャピタルとなる。地域キャピタルは放置すると減耗してしまう。だから、地域キャピタルへの絶えざる働きかけによって減耗を防がないといけない(34)。

第二に、アグロ・メディコ・ポリスの考え方を強化するためには、その有効性を説得的に検証しなければならない。そのための一手段として、アグロ・メディコ・ポリスを構成する圏域および各セクターの間に、それぞれどのような労働力配分がなされているのか、またその間でどのような経済的循環がどの程度形成されているのか、また資源の投入と算出の関係がどうなっているのか、それにともなう物質循環のプロセスはどうなっているのか、それに加えてネットワークの堆積度合いが地域環境認識の共有度やウェルビーイングからえられる「幸せ度」、さらには地域社会の運営に対する参加度などにどう影響しているのかなどを定性的にも定量的にもいっそう詳しく解明することが研究課題として残されている。

この点に関連してやや細かい問題であるが、佐久地方では園芸療法・園芸福祉の存在感が薄い。農業・農村が医療・健康・介護にとって効果的であることを示す好例として園芸療法・園芸福祉をとりあげることができる。日本でも園芸療法や園芸福祉の存在はかなり知られるようになったし、たくさんの実践例が介護施設を中心に認められるようにもなった。医食農連携という考え方もここ数年の間に急速に広がっている。しかしながら、多くの取り組みはまだ個別施設内の実践にとどまり、施設内で完結している。園芸療法や園芸福祉の社会化が必要である。その理由の一つは、都市だけでなく農村でも園芸療法・園芸福祉を取り巻くインフラが未整備なことにある。たとえば、オープンな空間で車いすを使って農作物の手入れをし、その生産物や加工品を販売できるようにするだけで、園芸療法・園芸福祉の社会化は簡単に進む。いうならば、アグロ・メディコ・ポリス自体が、園芸療法・園芸福祉（あるいは、農村療法というべきかもしれない）の舞台にほかならない。ところが、佐久地方でも、佐久病院の美里分院や農村保健研修センターで部分的に取り入れられているだけである。

第三に、死生観についての検討が必要な時期を迎えている。医療や介護について、地域住民が医師や看護師とパートナーシップを持つことができるアグロ・メディコ・ポリスだからこそ、どこまで治療をするのか、ターミナル・ケアのあり方について、冷静な議論を深めておくことができるように思う。この点では、小海分院が取り組んでいるデス・カンファレンスとデス・サマリーの作成、遺族に対するグリーフ・ケアの取り組みが参考になる。(35) 延命のための過剰治療、主体性を無視するような指示によって「しぼんだような生」をおくるのか、多少は寿命を早めることになるかもしれないが最期を「自分らしく生きて死ぬ」のか、どちらが自分にとっての幸福なのかをきちんとした議論のなかで決めることができる。そろそろアグロ・メディコ・ポリスのなかに、正面から死と向かい合えるような枠組みを組み込んでも良いのではないだろうか。

最後に、アグロ・メディコ・ポリスを一つのモデルとして、ほかの農村地域に適用する場合のポイントについて1点だけつけ加えておきたい。いうまでもなく、アグロ・メディコ・ポリスの成立には中心になる医療機関が必須であるが、その候補として協同組合運動の一翼をになう厚生連の病院を想定することができるだろう。佐久病院の取り組みは歴史的にみても地域社会・国際社会に与えた影響からみても、非常に大きな成果を上げてきた。しかし、それは「農民とともに」という確固とした理念と地道な日々の実践の積み上げの結果にほかならない。長野県には、佐久病院以外にも農業・医療・福祉を結びつけた独特の取り組みを行なう厚生連小諸病院のような例がある。他の県にある厚生連病院でも、それぞれの地域的特性をふまえた独自の取り組みが行なわれているだろう。そのそれぞれが、それぞれのアグロ・メディコ・ポリスの構築を目指し、それをネットワークすることによって日本全体にアグロ・メディコ・ポリスの網の目を広げることができるのではないだろうか。(36)

注

（1）池上甲一「佐久地方における地域形成の歴史的特質」祖田修・大原興太郎・加古敏之『持続的農村の形成』富民協会、1996年。
（2）川上武・小坂富美子『農村医学からメディコ・ポリス構想へ―若月俊一の精神史―』勁草書房、1988年。
（3）宮本憲一「若月俊一さんの思想と事業をどのように発展させるか」佐久総合病院・信州宮本塾合同研究会『地域医療とまちづくり　佐久病院の再構築から』JA長野厚生連佐久総合病院・信州宮本塾、2009年、12頁。
（4）清水茂文「佐久病院はなぜ『メディコ・ポリス』実現をめざすか」佐久総合病院・信州宮本塾合同研究会、前掲注3、63頁。
（5）今村奈良臣「活力ある地域を興す4ポリス構想」『JC総研レポート』Vol.23、2012年秋。
（6）地域キャピタルは経済、生活文化、自然生態という三つの主要な局面を持つ。詳しくは、池上甲一「地域の豊かさと地域キャピタルを問うことの意味」『農林業問題研究』第173号、2009年を参照。

（７）新幹線の開通が佐久地方に与えた影響は大きく、旧臼田町にもその影響が及んでいる。
（８）ＪＡ長野厚生連佐久総合病院のウェブサイト（理念・行動目標）、ＵＲＬはhttp://www.sakuhp.or.jp/ja/about/000032.html（最終アクセス日：２０１３年5月10日）。
（９）松島松翠「若月俊一の思想を現代に生かす―地域医療の再構築をめざして―」佐久総合病院・信州宮本塾合同研究会、前掲注３、26頁。
（10）朔哲洋「佐久病院再構築と健康・福祉のまちづくり―地域医療センターは、何をめざすのか―」佐久総合病院・信州宮本塾合同研究会、前掲注３、36頁。
（11）佐久総合病院創立50周年記念行事実行委員会『農民とともに五十年　21世紀の病院づくりをめざして』長野県厚生農業協同組合連合会佐久総合病院、１９９４年、32頁。
（12）「院長リレーインタビュー　長野県厚生連佐久総合病院　伊澤敏院長」『文化連情報』No.３９１、２０１０年10月。
（13）佐久総合病院創立50周年記念行事実行委員会、前掲注11、33頁、若月俊一の発言。
（14）実際にはさらに衛生講話・健康相談が組み合わされてきた。
（15）松島松翠・横山孝子・飯嶋郁夫『衛生指導員ものがたり』ＪＡ長野厚生連佐久総合病院、２０１１年、プロローグ。
（16）佐久地方の地域医療に関する映画や報道映像がたくさん作成されている。最近では「医すもの」という映画が作られている。
（17）「公民館報うすだ」第92号、１９６８年６月25日（臼田町公民館『臼田町公民館報縮刷版』第１集、１９７７年、所収）。

（18）水田養鯉については、池上甲一「環境保全に果たす農業の社会的役割―長野県佐久市水田養鯉の事例研究―」『環境科学総合研究所年報』第12集、1993年を参照。
（19）信濃毎日新聞社編『土は訴える』信濃毎日新聞社、1981年。
（20）多辺田政弘・桝潟俊子「住民・自治体による生ごみ堆肥化の試み（上）」『国民生活研究』第21巻第1号、1982年。
（21）奥田郁夫「家庭生ごみのリサイクル利用」祖田・大原・加古、前掲注1。
（22）堆肥の約4分の3は農協に、残りが家庭菜園・園芸用に無償で提供されている。農協はその堆肥をトンあたり5000円で販売し、コンポストの質を向上させるために必要な牛糞（旧臼田町平地区）などの購入に充当していた（1993年当時）。
（23）たとえば、木原久「農業を軸とする資源循環システムの形成―生ごみ堆肥化と地域農業の持続的発展―」『農林金融』1999年9月号、西俣先子「循環型社会におけるソフトを重視した地域政策の重要性―ソーシャル・キャピタルが地域の食・農・循環に与える影響」『千葉大学　公共研究』第4巻第3号、2007年などを参照。
（24）本田喜久利「順調に進む臼田町の生ごみコンポスト化」『産業と環境』1993年8月、70頁。
（25）アルビン・トフラー『第三の波』中央公論新社（中公文庫）、1982年。
（26）Mapion電話帳による検索結果（アクセス日：2013年5月30日）。
（27）佐久市のウェブサイト「介護保険のサービス事業者」（URL：http://www.city.saku.nagano.jp/cms/html/entry/258/13.html、アクセス日：2013年5月7日）による。
（28）遠藤宏一「公共事業依存型経済の行方と地域の内発力―臼田町行財政と地域資源としての医療・福祉

ネットワーク」宮本憲一・遠藤宏一『地域経営と内発的発展―農村と都市の共生をもとめて』農山漁村文化協会、１９９８年。
(29) 市町村単位の産業連関分析が可能となるようなデータの蓄積が必要であるが、現状では不十分である。
(30) 清水茂文「ともに創ろう、いのちと暮らし　佐久総合病院再構築計画（素案）」『農民とともに』No.１０８、２００２年3月1日。
(31) 井上隆「佐久地域の産業・経済と『メディコ・ポリス構想』」佐久総合病院・信州宮本塾合同研究会、前掲注3、70頁。
(32) 川上・小坂、前掲注2。
(33) 祖田修『農学原論』岩波書店、２０００年、第7章を参照のこと。
(34) 絶えざる働きかけという考え方は動態的かつ戦略的であり、ソーシャル・キャピタル論にみられがちな生態的性格を乗り越える視点を提供するように思う。
(35) 臼田敬子「『自分らしく死にたい』への援助　在宅終末期ケア、デス・サマリー、デス・カンファレンスの取り組みから」『文化連情報』No.３５２、２００７年7月。
(36) 厚生連病院がない地域では、医療生協のような動きとの連携も検討に値するだろう。

おわりに

『週刊農林』という業界誌がある。この業界誌は農政のトピックを特集として集中的・連続的に取り上げているので、発刊時点に何が政策や社会の関心をよんでいたのかを知るのに役立つ。その2012年春季特集は「医食農連携で日本を元気にする」だった。その背景には、2010年3月に閣議決定された「新たな食料・農業・農村基本計画」が農業の6次産業化を重要な柱に定め、その一分野として「医療・介護・健康関連産業の発展に貢献するライフ・イノベーション」（農林水産技術会議「農林水産研究基本計画」2010年3月決定）、すなわち医と農との連携が取りざたされるようになったことがあると考えられる。

しかし今のところ、医食農（あるいは医農）連携は機能性食品の開発やその健康産業への展開、ないし新しいアグリビジネスの創出という捉え方が多い。そこには医療・介護・健康をになう医師や看護師、介護福祉士や保健師、また農民や消費者の視点はほぼ欠落している。医食農連携が対象とするべき肝心要の人間という視点が抜けているのである。だから、医療（介護、健康を含む）と農を食で媒介するという、とても魅力的な含意のある医食農連携がその可能性を十分に発揮できないでいるように思う。

本書は、人びとが属性や立場を超えて安心して生き生きと暮らす（良く生きる）ことを福祉（ウェルビーイング）の達成と捉え、その実現には医療、保健、福祉が地域社会に根ざしている必要があり、同時にその基盤として信頼できる食べ物と健全な環境と生命のあふれる世界が成立しなければならないという視角に立脚している。ここにこそ、農業・農村と医療・保健・福祉が有機的・複合的に結びつくアグロ・メディコ・ポリスの根拠がある。この結びつきを媒介するのが食（食文化）であり、それぞれの主体を取り結ぶのが地域文化である。そこでは介護されるひとも介護するひとも同じ一人の人間として振る舞い、相互に学び合う関係が成立する。

このことは、主体と客体を分け、その権力的関係が固定されてしまう二元論的福祉の限界を乗り越えて、21世紀における新しい福祉社会を切り開くだけの可能性を持っている。というのは、それが福祉の対象領域についても福祉の主体についても境界を外すという意味を持ち、バリアフリーの社会化やノーマライゼーションの浸透につながっていきうるからである。いわば方法論的総合主義に基づく多元的な共生福祉の出発点である。それは、21世紀の福祉像にふさわしいだけの広がりと可能性を持つのではないか。

かつて佐久病院で在宅ケアの立ち上げに尽力した医師・井益雄は、佐久病院で学んだ最大の財産として「医療は社会のものである」という若月俊一の言葉をあげている（井益雄「甦れ佐久病院」地域ケア科10周年記念誌編集委員会『地域ケア科10周年記念誌　いのちとくらしに寄り添って』JA長野厚生連佐久総合病院地域ケア科、２００4年、10頁）。その謂いに倣えば、医療と福祉は社会のものである。医療も福祉も市場化一辺倒の感さえある今日、じっくりと噛みしめてみたい理念である。

本書は主として科学研究費を受けて行なった二つの調査「農村高齢者の生活問題に関する社会経済的研究」（平成7年度・8年度科学研究費補助金基盤研究（C）（2）、課題番号07660304）、「アグロ・メディコ・ポリスの可能性と展開条件に関する実証的研究」（平成13年度・14年度科学研究費補助金基盤研究（C）（2）、課題番号13660230）をベースに、新たに行なった追加調査（2011～2012年）に基づいて執筆している。また佐久地方については、祖田修・大原興太郎・加古敏之『持続的農村の形成―その理念と可能性―』（富民協会、1996年）に農村医療運動ならびに実践的有機農業についての章を担当しているが、いずれも大幅な分割、追加をしたうえで、本書のベースとして組み込んでいる。

追加調査の際には多数の方々にお世話になった。とくに、鳥取県琴浦町の社会福祉法人Y会、琴浦町社会福祉協議会、JA鳥取中央、JA長野厚生連佐久総合病院の医師、研究員、事務職員、介護福祉士、JA佐久浅間の方々には心からお礼を申し上げたい。貴重なお話や見解をたくさん頂戴しながら、十分こなしきれずに、本書に反映できていない点がなお残ったことには忸怩たる思いを抱いているが、次への宿題としてお許し願いたい。

本書が農山漁村ばかりでなく、都市の新しい福祉を考え、実践する人たちにとってよすがとなれば幸いである。

２０１３年６月

著　者

著者略歴

池上甲一（いけがみ　こういち）

1952年長野県生まれ。京都大学大学院を修了後、京都大学助手、同講師、近畿大学助教授を経て、1999年から近畿大学農学部教授。農業社会経済学の構築を目指し、農業・食料問題、水・環境問題、農村活性化、オルタナティブ・トレードなどについて研究しながら、日本、タイ、東部・南部アフリカの村を歩き回っている。京都府の中山間地域で地域セミナーを10年以上開催しているほか、NPO法人ふるさと京都村の副理事長として農村と企業を結ぶ取り組みに従事。2010年からアジア農村社会学会会長。博士（農学）。

〈主な著書〉

『むらの資源を研究する』（責任編集、日本村落研究学会編）農山漁村文化協会、2007年

Perspective of Alternative Commodities Chain（Koichi Ikegami & S. Aungsumalin eds）Kasetsart University Press, 2008

『食の共同体』（池上甲一・岩崎正弥・原山浩介・藤原辰也著）ナカニシヤ出版、2008年

『食と農のいま』（池上甲一・原山浩介編著）ナカニシヤ出版、2011年

『都市資源の〈むら〉的利用と共同管理』（池上甲一編）農山漁村文化協会、2011年

シリーズ　地域の再生 14

農の福祉力

アグロ・メディコ・ポリスの挑戦

2013年7月30日　第1刷発行

著　者　池上　甲一

発行所　一般社団法人　農山漁村文化協会

〒107-8668　東京都港区赤坂7丁目6－1

電話　03（3585）1141（営業）　03（3585）1145（編集）

FAX 03（3585）3668　振替　00120-3-144478

URL　http://www.ruralnet.or.jp/

ISBN978-4-540-09227-5　DTP制作／ふきの編集事務所

〈検印廃止〉　印刷・製本／凸版印刷㈱